당당한 자신을 표현하기 위한

# Personal Image Making

진형여 · 이귀영 · 김정희 · 유현주 · 김지연 · 최희자 · 권오혁

청구문화사

## Preface 머리말

21세기 글로벌 시대를 살아가고 있는 현대인들은 정보와 이미지 시대에 접어들면서 다양한 문화와 가치관이 공존하고 동시에 대량생산과 대량소비의 사회 속에서 자아정체성 상실과 가치관의 혼란을 겪으면서 남과는 다른 자신만의 아이덴티티(Identity)를 추구하고자 하고 자신의 개성과 이미지에 맞는 것을 선호하고 선택하는 소비양상으로 변화되고 있으며 더욱 다양화, 고급화, 세분화되고 또한 아름답고 건강한 삶을 추구하고자 하는 기본 욕구 역시 점점 높아지고 있습니다.

현대사회는 정보화시대인 동시에 이미지 시대라고 할 수 있습니다. 또한 삶의 현장에서 가장 우선시 되는 것은 인간과 인간 사이에서 상대의 정보를 읽어내는 일 일 것입니다. 사회적 동물인 인간이 상대를 만나면, 만나는 순간 원하던 원하지 않던 빠른 시간 안에 시각적 상호작용에 의해 상대의 이미지를 읽게 되고 읽히게 됩니다. 그리고 그 효력은 삶의 현장에서 욕구와 경쟁에 많은 영향을 주게 됩니다. 이미지는 한 사람의 가치척도가 될 수 있습니다. 개인 이미지는 55%가 사람의 외모로, 38%가 음성으로, 7%가 말로 이루어진다고 합니다. 사람은 먼저 말을 하기 전에 먼저 외모를 보기 때문에 성공이미지 연출에는 당신의 스타일이 상대적으로 큰 중요성을 차지한다고 볼 수 있습니다. 또한 현대사회는 자신만의 고유한 이미지를 구축해야 합니다. 이 책은 여러분들의 당당하고 자신감 있는 이미지 표현에 도움이 될 수 있도록 도와 드리기 위해 쓰게 되었습니다. 아무쪼록 이 책을 통해 내적이미지와 외적이미지를 잘 관리하여 자신이 꿈꾸는 성공적인 이미지를 연출 해 보시기 바랍니다.

최선을 다하였으나 부족한 점이 있으리라 생각 됩니다. 앞으로 계속적으로 보완 할 것을 약속드리며 이 책을 내기까지 많은 도움을 주신 모든 분들께 진심으로 감사드리며, 특히 청구문화사 이상태사장님과 편집부 여러분들께 깊은 감사를 드립니다.

2009년 9월

저자 일동

# 목 차

# 제1장 퍼스널 이미지 메이킹

## 1. 이미지의 정의

이미지란 상(象), 표상(表象), 심상(心像)의 뜻을 기본으로 하고 있다. 이것은 가시적인 형태나 움직임 등 대상으로부터 느끼는 분위기, 감각, 연상 등의 총체적인 개념으로 표현할 수 있으며 인간의 지각에 의해 형성되는 것이다. 인간이 자극을 받아 들여서 뇌 속의 이미지들과 결합과정을 거쳐 새로운 의미를 가지게 되는 과정을 지각화과정이라고 하는데, 이때 부여된 의미를 이미지라고 할 수 있다.

또한, 이미지란 한 감각대상으로부터 계속적으로 감지된 정보가 사람의 마음속에서 정보처리의 과정을 거쳐 재구성된 하나의 상(像)이라고 할 수 있다. 지금 살아가고 있는 우리는 이미지의 홍수 속에서 살아가고 있다고 해도 과언이 아니다.

특히 한 개인의 이미지는 그 사람의 삶을 바꿔놓을 정도로 중요하다. 또한 개인의 이미지는 본인의 의사와는 상관없이 타인의 의사에 따라 결정되므로 더욱 중요성을 느낀다. 특히 이미지는 첫인상에서 결정 될 수 있는 확률이 높으므로 첫인상에서의 이미지는 더욱 더 중요하다.

우리는 살아가면서 수많은 사람들을 만난다. 이런 만남의 과정에서 첫인상은 상당히 중요한 역할을 한다. 그러나 첫인상은 아주 짧은 시간에 결정되고 그 영향은 매우 오래 지속된다. 이러한 이유로 첫인상은 마지막 인상이라고 불리 우기도 한다.

비즈니스 세계에서 첫인상은 더욱더 중요하다. 만약 이를 무시하고 단지 실력만 있으면 된다고 믿는다면 후에 생각지도 못한 결과를 낳을 수 있기 때문에 능력을 갖춰야 할 뿐만 아니라 본인의 능력을 남들에게 표현해야 하고 그 표현이 호의적으로 받아들여지도록 해야 한다. 좋은 이미지가 곧 경쟁력이 되는 사회인 것이다.

사람을 외모만 보고 판단할 수는 없지만 그 사람의 내면을 알기에는 오랜 시간이 소요되므로 제일 먼저 보여 지는 부분인 외모를 먼저 보고 그 사람의 직업, 경제적 능력, 근면성, 성실성, 교육의 정도 등을 판단하게 된다. 대체적으로 사람들은 외면적인 이미지로 그 사람을 다 안다고 선불리 얘기 하는 경우도 있다. 그러므로 외면적인 이미지는 중요하며 그의 영향력은 과히 크다 할 수 있다. 그러나 다행히도 이미지는 타고난 부분을 타인에게 어떻게 보여주기를 원하느냐에 따라 충분히 바꿀 수 있으므로 본인의 적극적인 노력이 있다면 얼마든지 본인이 원하는 모습으로 만들어 갈 수 있다. 그러나 안타깝게도 모든 사람들이 개인의 이미지는 가지고 있으나 자신이 가지고 있는 여러 가지 요소들을 아름답게 조화시켜서 외적으로 아름답게 표현하는 사람은 많지 않으며 그에 대한 상식도 부족한 것이 현실이다.

이미지는 크게 세련되었다, 천박하다, 차갑다, 친근하다, 부드럽다 등의 형용사로 표현 할 수 있으며, 타인에게 좀 더 좋은 이미지 전달을 위하여 가장 쉽게 사용할 수 있는 수단인 의복을 중심으로 한 외모 장식이다. 기본적으로 사람의 외모는 신체적 특징과 외모 장식으로 이루어지며, 이 때 신체적 특징은 얼굴형, 이목구비에 의한 얼굴 조건과 신체, 골격, 근육, 살에 의한 체형조건의 통합으로 완성된다.

외모장식은 각각 다른 개개인의 신체적 특징에 더하여진 메이크업과 헤어스타일, 의복과 액세서리류 등을 의미한다. 이러한 신체적 특징과 외모장식으로 완성되는 인간의 외모는 대인관계에서 개인의 이미지 전달에 중요한 요소가 된다. 즉, 신체적 특징에 더하여지는 외모장식에서, 인체의 많은 부분을 차지하는 의복은 착용자의 이미지를 전달하는 무언의 언어로서 중요한 역할을 한다.

이미지는 타인이 보고 느낀 자신의 모습이기도 하며 사람에 따라 긍정적, 혹은 부정적인 것일 수도 있고, 실제의 인물보다 과장된 모습일 수도 비하된 모습일 수도 있다.

이미지는 크게 내적 이미지와 외적 이미지로 구분할 수 있으며, 마인드 아이덴티티(Mind Identity)는 자신감, 친근감 등의 정서적 요소로서 내적 이미지에 포함되고 목소리, 발음 등의 음성적 요소, 자세, 표정 등의 행위적 요소를 포함하는 행동적 아이덴티티(Behavioral identity)와 인상, 의상, 헤어, 메이크업 등의 시각적 아이덴티티(Visual identity)는 겉으로 나타나는 행동이나 형상에 관한 것이므로 외적 이미지로 정의 하였다.

## 2. 퍼스널 이미지 메이킹의 개념

이미지 메이킹이란 용어의 본질은 창출하여 만들어낼 수 있는 이미지, 즉 이미지를 여러 방면으로 만들어 내는 작업이라고 말 할 수 있다.

이미지 메이킹은 '이미지를 만든다.' 라는 용어 자체의 의미에서 알 수 있듯이 개개인이 가지고 있는 내적 요소와 외적 요소의 통합으로 이루어지는 신체 상(象)을 목적에 맞게 만들어 나가는 것이라 할 수 있으며, 이때의 '만든다'라는 용어 자체의 의미에서 알 수 있듯이 개개인이 가지고 있는 내적 요소와 외적 요소의 통합으로 이루어지는 신체 상(象)을 목적에 맞게 만들어 나가는 것이라 할 수 있으며, 이때의 '만든다' 라는 용어는 '개선시킨다' 라는 의미가 전제되어야 하며 자신이 기본적으로 가지고 있는 신체 이미지를 외적으로 더해가는 부가 장식물이나, 미적 추구 행위를 통하여 '개선시키는 것' 을 그 근본적인 목적으로 하기 때문이다.

우리가 어떤 한 사람을 떠올릴 때 그 사람의 이름과 함께 머릿속에 선명하게 떠오르는 것들이 있다. 즉, 얼굴 생김새, 표정, 말씨, 옷차림, 걸음걸이와 태도, 성격 등과 같이 외부로 표출되는 요소들과 내면적 요소들의 통합으로 그 사람의 전체 이미지가 결정된다. 이 때 외모는 전체 이미지의 약 80% 이상을 차지하는 것으로 알려지고 있다.

일반적으로 외모 연출은 내면적인 요소에 비하여 비교적 빠른 기간에 그 효과를 얻을 수 있는 특징을 가진다. 즉, 문화에 대한 지식이나 사회적 경험 그리고 학식의 축적으로 정신적 양식이 함양되고 그러한 정신적 양식이 외부로 드러날 때 그것이 곧 개인 교양의 척도가 된다. 따라서 교양을 쌓아가기 위해서는 비교적 긴 시간과 노력이 필요하지만, 외모 연출은 신체조건에 대한 정확한 파악과 이에 따른 이미지 연출의 방법습득을 통하여 이루어지므로 전자에 비하여 상대적으로 쉽고 그 효과 또한 나타난다. 따라서 이미지 연출은 어떤 상품이나 조직, 기업, 국가 등에서도 유사한 의미를 가지고 적용되어질 수 있다.

이미지 메이킹은 적극적 이미지 메이킹과 수동적 이미지 메이킹으로 나눌 수 있다.

첫째 적극적 이미지 메이킹은 자신이 타인에게 공개하도록 선택한 부분들의 총체로, 보여주고 싶은 자신의 특성들을 본질 속에서 끄집어내어 극대화시키는 것, 또는 보이고 싶지 않은 것들을 밑바닥 깊숙이 파묻어 두는 것을 자신의 결정권으로 그것을 표현하는 것이다.

둘째 수동적 이미지 메이킹은 현실과 인생을 좌우하기도 하는데 그저 타인의 주관적 사고에만 맡겨둔 채, 수동적이고 무기력하게 방관하는 것이다. 따라서 여기에서 제시하는 이미지 메이킹이란 외면과 내면을 모두 포함한 자신의 전반적인 자아창출과 성장으로 자신을 표현하고 전달하고픈 이미지를 선택하여 그것을 적절히 연출하는 것이다. 그러나 중요한 것은 '무엇을 보여줄까' 보다 '어떻게 보여줄까' 하는 것이다. 왜냐하면 어떻게 보이느냐에 따라 이미지가 달라지고 빠른 속도로 이미지를 볼 수 있기 때문이다.

또한 퍼스널 이미지 메이킹은 사람에게만 국한시키는 의미로써 한사람의 이미지를 머리에서 발끝까지 보고 첫인상에서 느낄 수 있는 종합적(얼굴표정, 헤어스타일, 메이크업, 제스처, 스피치, 매너, 복장 등) 이미지를 변화시켜 개인이 추구하는 이상적인 이미지를 만들고 향상시켜 자기 정체성을 사회에 인지시키는 모든 과정을 퍼스널 이미지 메이킹이라 할 수 있다.

## 3. 퍼스널 이미지 메이킹의 필요성

'이미지 메이킹'은 그것에 대한 필요성이 제기되고 있지만, 아직은 그 용어가 일반인들에게 다소 낯설게 들리고, 패션이나 미용관련학과가 개설된 일부 대학에서만 교과목으로 선정되어 있을 만큼 그 범위는 한정적이라고 할 수 있다.

이러한 현상은 마치 20년 전, 패션 코디네이션이란 용어가 국내에 도입되어졌을 무렵의 상황과 같은 맥락에서 이해되어지면 좋을 것이다. 즉 '80년대 초 우리나라의 시대 상황에서 의복은 단순히 입는다는 '옷'의 차원을 넘지 못하는 수준이었으므로, 부나 사치의 수단으로 여겨졌던 패션은 일반인들에게 다소 거리감을 주었다고 할 수 있다. 이러한 패션에 대한 인식은 코디네이션에 대한 개념 또한 흐리게 만듦으로써 그것은 패션산업 관계자나 일부 앞서가는 패션 선도자들에게 적용될 정도였다. 그러나 '90년대에 이르러 코디네이션은 '코디(Coordi)'라는 단어로 약화되어 패션 속에 뿌리내리게 되면서 오늘날은 의복과 관련한 가장 일반적인 용어로 사용되고 있다. 이와 같은 코디네이션 개념의 정착에는 현대인에게 있어 패션은 하나의 생활이며 의심 할 바 없는 자신의 외적수단이라는 명백한 사실 때문일 것이다. 더욱이 현대사회에서 외모에 대한 관심 증가는 외모지상주의 상황을 초래시키면서 코디네이션을 단순히 의복 패션에 제한하지 않고, 의복, 헤어스타일, 메이크업, 그리고 장신구에 이르는 이른바 토탈 패션의 영역으로 확대되어졌다.

21세기는 이미지 시대를 맞아 이미지로 표현하고 이미지로 평가 받는다. 이미지는 하나의 전략으로 문화, 경제, 개인의 이미지까지 사람들의 시각과 지각의 감성을 가장 빠르고 정확하게 자극하여 사회 속에서 공유한다. 개인의 이미지를 표현하는 퍼스널 이미지 메이킹(Personal Image Making)은 개인이 추구하는 이상적인 이미지를 표현하며, 현대를 살아가는 사람이라면 인간관계를 피할 수 없는데, 보다 원만한 인간관계를 위해 많은 노력을 해야 할 것이다. 이러한 원만한 인간관계를 위해 현대인들에게 퍼스널 이미지 메이킹의 필요성을 느낄 수 있다.

◆ 노트

# 제2장 퍼스널 이미지 메이킹에 영향을 주는 요소

# 1. 첫인상(First Impression)

사전적의미를 찾아보면 첫눈에 느껴지는 인상(印象)이라고 씌어 있다. 이 말은 첫인상의 핵심이 '보는 것'에 있음을 의미한다. 특히 우리나라 사람들은 상대방을 3초~5초정도만 보고 난 후 상대방에 대해 판단한다. 그러므로 첫인상은 3초~5초면 결정된다고 할 수 있다. 대부분이 짧은 3초~5초 내에 상대방에게 당신의 이미지는 결정된다. 단순히 힐끔 바라 볼 뿐이지만 상대방은 당신의 옷차림과 헤어스타일 그리고 착용한 컬러와 액세서리 등에 대해 판단 해 당신의 의지와는 상관없이 '성실한 사람', '머리가 좋은 사람', '고집스러운 사람', '진실한 사람', '이기적인 사람', '똑똑한 사람' 등등으로 평가한다. 또한 처음 당신이 인사하는 모습을 보고 호기심을 느끼며 당신에 대해 더 많이 알고 싶어 하기도 하고 혹은 당신을 무시하기도 한다.

이것은 우리가 누군가를 처음 만날 때 이루어지는 과정이다. 사람을 처음 만나는 순간, 곧바로 그 사람에 대해 판단하고 서로의 공통점을 찾으려 하며, 매우 피상적으로 순식간에 느낀 첫인상으로 돌이킬 수 없는 판단을 내리기도 한다. 그러므로 첫인상은 인간관계에 있어서 매우 중요한 요소로 작용하는지 알 수 있을 것이다.

누구에게나 잊지 못할 이미지를 줄 정도로 세련되고 멋진 모습을 보여 줄 수도 있지만 그러한 이미지를 유지하기 위해서는 단순히 성형수술이나 명품브랜드로 치장하여 외모가 준수하고 화려해도 그 사람이 갖고 있는 자세와 표정, 눈빛이 바르거나 밝지 않다면 상대방에게 좋은 첫인상을 줄 수 없을 것이다. 그러므로 이 요소 또한 매우 중요한 요소이므로 뒷받침 되어야한다.

지금 자기의 인상이 좋지 않다고 걱정할 필요는 없다. 나 역시 예전에는 인상이 그리 좋은 편은 아니었다. 아니 나빴다.(웃음)

덧니라는 열등감으로 인해 나의 마음과는 다르게 사람들 앞에서 자유로이 웃지를 못했다. 그로인해 늘 굳은 표정으로 사람들을 만나게 되었다. 그 결과 '쌀쌀해 보인다', '냉정해 보인다', 등등 좋은 소리를 듣지 못했다. 그러나 지금은 내적인 이미지 메이킹의 교육을 통해 나 자신의 열등감을 극복하고 편안하게 웃을 수 있게 되어 요즈음은 상대방에게 웃는 모습이 예쁘다는 소리를 자주 듣는다. 그로 인해 날카로운 이미지가 부드러워져 인간관계도 예전에 비해 많이 원만해졌다.

좋은 인상은 나의 경험에 의하면 충분히 노력해서 변화 할 수 있으므로 이 책을 통해 열심히 노력해 좋은 인상을 만들어 보기 바란다.

◈ 노트

## 2. 표정관리(Expression Management)

우리에게 호감을 주는 사람이라면 함께 있을 때 자연스럽고 편안함을 느낀다. 그들은 우리에게 관심을 갖고 즐겁게 마음의 문을 연다.

호감은 외모와도 관계가 있지만 우리가 상대에게 주는 느낌과 더욱 깊은 관계가 있다.

호감을 주는 사람들은 자신의 사교적인 마음을 확실하고 분명하게 표현한다. 그들은 사람들과 터놓고 커뮤니케이션할 수 있는 채널을 활짝 열어 놓았음을 아낌없이 드러낸다. 그러한 신호는 자신감, 진실성, 신뢰로 나타난다. 호감을 주는 사람의 얼굴에는 따뜻하고 여유로우며 편안한 표정이 있으며, 그 표정은 마치 "나는 언제든 관계를 맺을 준비가 되어 있다. 나는 어떤 비즈니스에도 마음을 열겠다"라고 말하는 것처럼 밝게 빛난다. 그들은 호의적이고 친절하므로 다른 사람들의 관심을 끈다.

특강을 하기 위해 문을 열고 교실을 들어서면 많은 사람들의 표정이 나의 시야에 들어온다. 매우 호의적이고 밝은 표정으로 나를 맞이하는 사람과 무표정한 표정으로 나를 바라보는 사람에 대한 나의 첫 느낌은 너무도 다르다. 또한 강의를 듣는 동안 나의강의에 대해 밝은 표정을 지으며 호응 해 주고 질문하는 사람은 처음 밝은 표정으로 맞이해 주는 사람이 대부분이며, 첫 인상과 마찬가지로 무표정한 사람은 강의 시간 내내 무표정하다. 그로 인한 나의 마음은 자꾸 밝고 호의적인 표정으로 나를 바라보는 쪽으로 시선이 가게 되며, 그들에게 더욱 마음의 문이 열린다.

누군가를 만나 대화를 할 때, 상대에게 주의를 집중하라고 말만 해서는 안 된다. 자신의 메시지나 의도를 제대로 전달하기 위해서는 넉넉한 시간동안 상대방의 주의력을 붙잡아 둘 수 있어야 한다. 주의력을 사로잡는 데는 호감 있는 표정이 매우 중요하다. 그러므로 다음 장에는 호감 있는 표정을 만들기 위해 연습 해 보기로 하자.

### 1) 무표정한 표정

### 2) 호감을 주는 표정

### 3) 당신의 표정은 어떤 표정인가요?(개인의 표정 체크)

## 4) 당신의 무표정한 표정

MY POTO

## 5) 당신의 호감을 주는 표정

MY POTO

■ 사람의 표정은 7천가지이상의 표정이 있다고 합니다. 상대방에게 호감을 주기 위해 당신은 어떤 표정을 지을 것입니까?

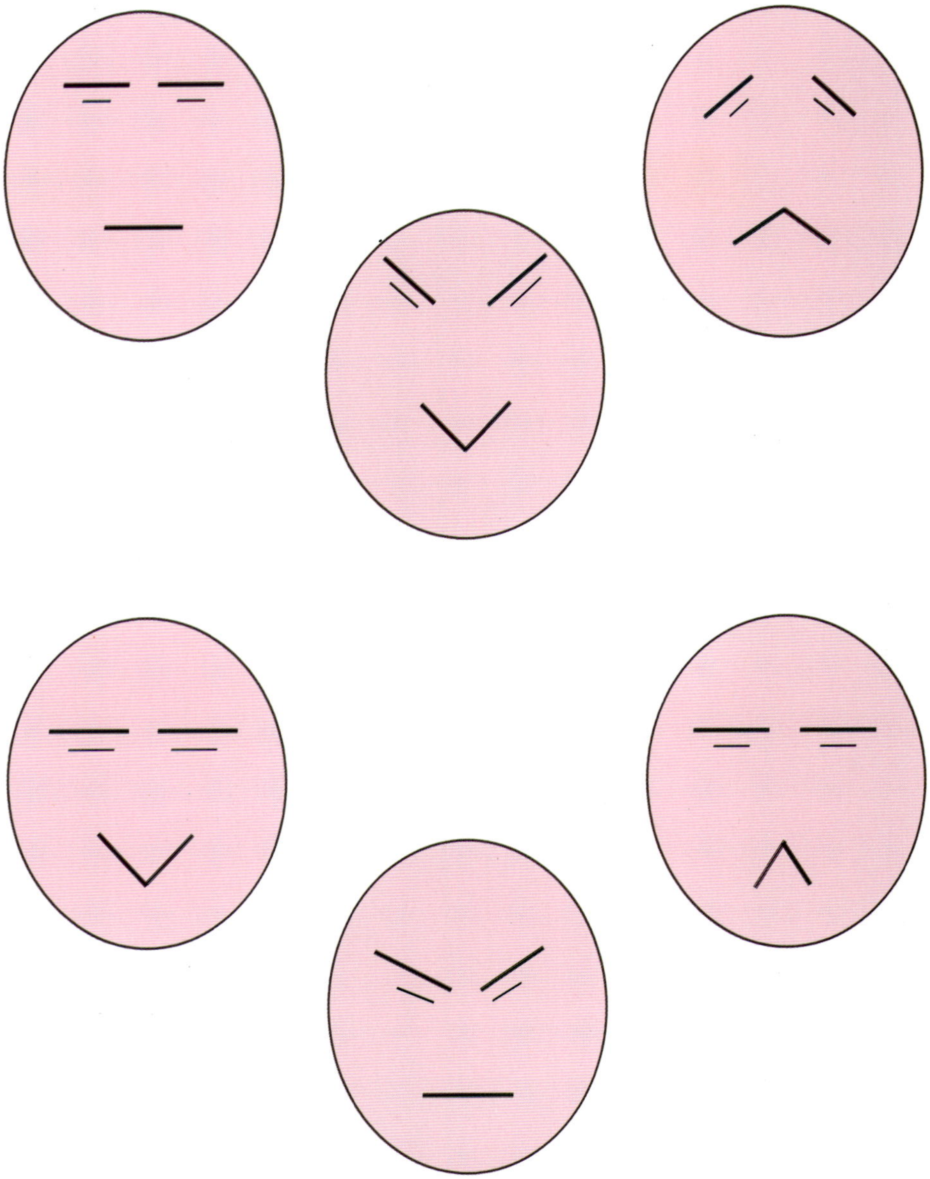

## ◘ 모나리자의 미소

- 두 사진 중 다른 점을 찾아보세요.
- 두 사진을 보고 무엇을 느낄 수 있습니까?

## 6) 표정은 변할 수 있다!

이미지 메이킹이란(표정관리)교육을 받지 않았을 때는 덧니라는 열등감과 자신감의 부족으로 제대로 웃지를 못했었다. 그러나 이미지 메이킹이란 교육을 통해 표정관리를 꾸준히 했다.

예전에는 잘 시청하지 않았든 개그 프로그램과 오락프로그램을 주로 시청하면서 웃는 연습을 했고, 엘리베이터와 퇴근길 자동차 안, 화장실 등에서 웃는 연습을 했다. 처음에는 의식적으로 연습을 했지만 지금은 상대방을 만났을 때 자연스럽게 웃는 표정을 지을 수 있게 되었다. 나의 경험을 통해서 표정은 자신의 노력에 의해 변할 수 있다고 생각한다. 자 여러분도 시작 해 보세요!

## 7) 웃는 입매를 만드는 발성법

**(운전 할 때, 화장실 등에서...)**

(1) 정면을 향하고 입을 가장 크게 벌리고 '하' 하고 소리를 내며 다섯 번을 센다.

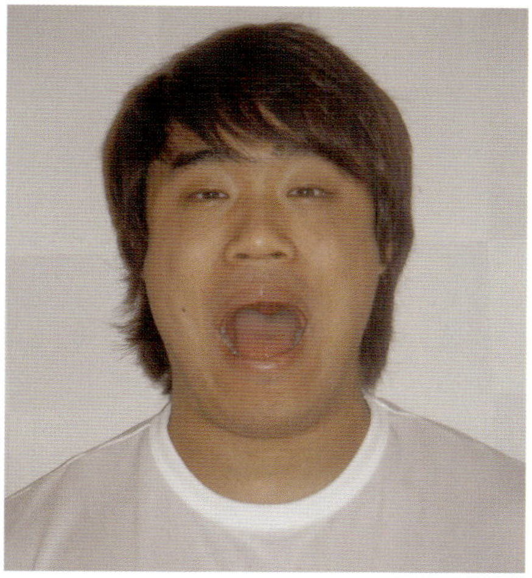

(2) 입을 ㅡ자로 만드는 느낌으로 '히' 하고 소리를 내며 다섯 번을 센다.

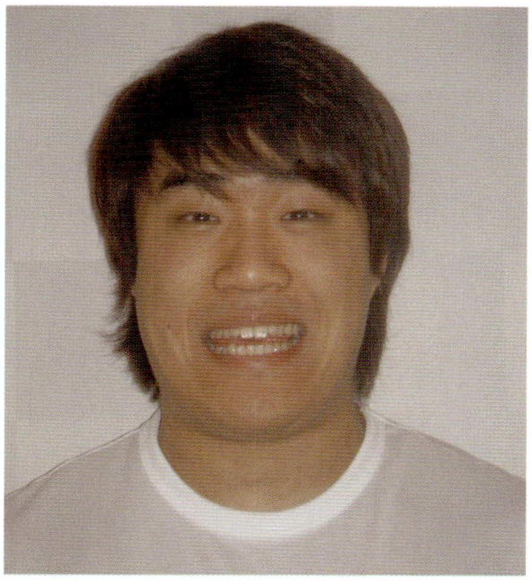

(3) 입술을 앞으로 밀며 '후' 하고 소리를 내며 다섯 번을 센다.

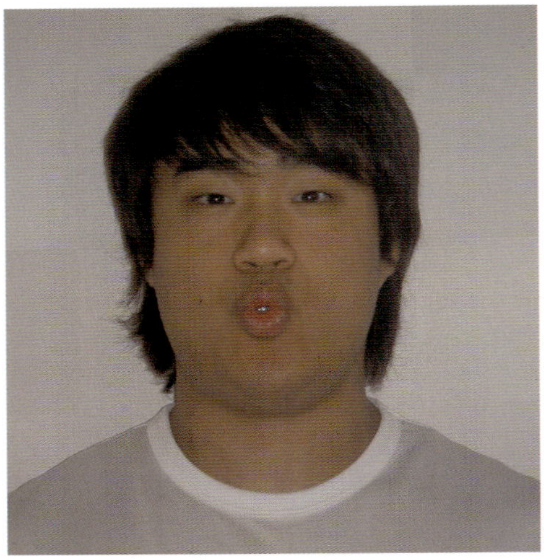

(4) 입술을 v 로 만드는 느낌으로 '헤' 하고 소리를 내며 다섯 번을 센다.

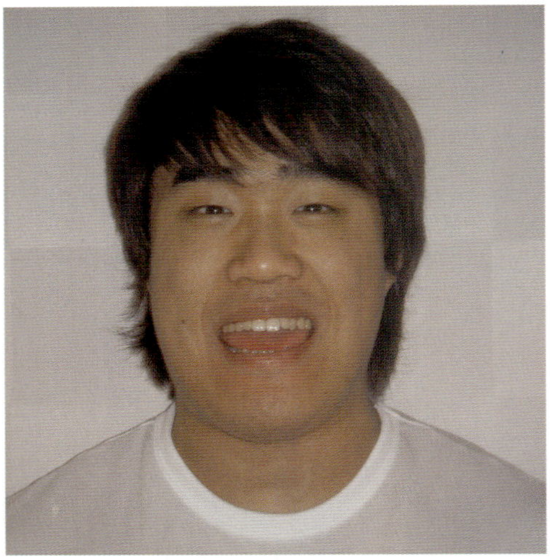

(5) 입술을 최대한 동그랗게 만들며 '호' 하고 소리를 내며 다섯 번을 센다.

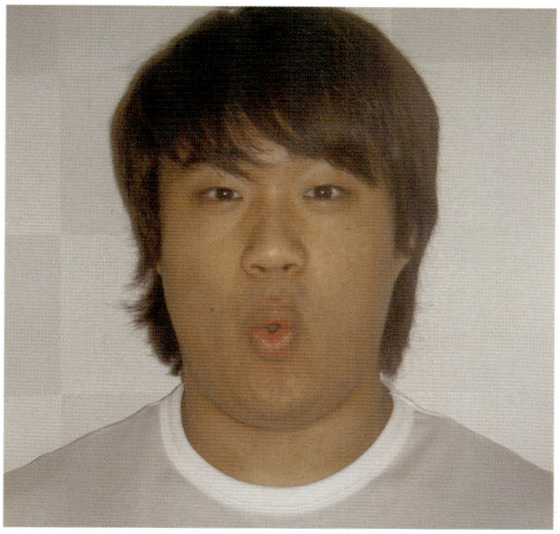

여러분들도 상대방에게 호감을 주는 표정을 위해 꾸준히 노력 해 보세요.

"세상에서 가장 어려운 일은
사람이 사람의 마음을 얻는 일이란다.
각각의 얼굴만큼 아주 짧은 순간에도
각양각색의 마음속에 수만 가지의 생각이 떠오르는데,
그 바람 같은 마음을 머물게 한다는 건
정말 어려운 거란다."

- 생텍쥐페리의 『어린왕자』 중에서 -

## 8) 변화 된 표정

## 3. 열등감 극복(Overcoming inferiority complex)

국어사전에서 찾아보면 열등감은 자기를 남보다 못하거나 무가치한 인간으로 낮추어 평가하는 감정이라고 한다.

인간은 다른 피조물과의 만남 속의 존재이며, 다른 사람을 직접 대면하는 존재이다. 인간은 사회적 동물이기에 다른 사람과 더불어 살며 끊임없이 욕구를 충족하면서 살아간다. 그런데 인간은 그 욕구를 적당한 선에서 목적을 두고 살아가기보다는, 높은 목적을 두고 살아가는 경향이 있다. 결과적으로 개인의 능력보다 향상된 목표가 이루어지지 않을 때 자신에 대한 평가를 절하시키고 다른 사람과 자신을 비교하고 비추어 보는 상황이 이루어진다.

열등감이란 바로 이러한 인간의 자연적이고 필연적인 삶 속에서 끊임없는 비교가운데서 생겨난다. 인간은 누구나 어느 정도를 이를 경험하면서 생활하고 있다. 열등감을 느끼는 사람은 실제로 자신을 사랑하지 않는 것이 아니라 오히려 지독할 정도로 자신을 사랑하고 집착하는 것이다. 자신에 대해 환상적 기대를 가지고 있기 때문에 기대가 크고, 좌절감도 큰 것이다. 이 열등감은 남에 의하여 강요당하는 것이 아니라 끊임없이 자기 내부에서 들려오는 수치심과 모욕감이기에 사람을 피한다고 해서 그 생각 자체로부터 도망갈 수는 없다.

인간은 누구나 각자가 자아개념을 가지고 있는데 이것은 자기형상(Self- Image)을 조성한다. 자기형상은 이른바 자신에 대한 마음의 자아상, 즉 자영 혹은 자신의 영상과 같은 것으로 비유된다. 따라서 열등감이란 인간이 스스로 비정상적으로 낮게 평가하여 느끼는 심리적인 감정이다. 즉 자존감(Self-Esteem)이 부적절하게 낮은 것이다.

또한 인간에게 있어서 자신감이 떨어지거나, 결여될 때 느끼는 일반적인 감정을 열등감이라고 한다. 다시 말해서 열등감은 다른 사람에 비하여 자신이 뒤떨어져 있다는 느낌이다. 즉 스스로가 능력이 없다고 생각하는 만성적인 감정 또는 의식, 그리고 뒤떨어져 있다는 생각을 할 때마다 마음속에 응어리 맺히는 것을 말한다. 여기서 자신감과 열등감이 아주 밀접한 관계가 있다는 것을 알 수 있다. '자신감은 열등감에 상반된 개념이다. 자신감이 상실될 때 열등감이 생기는 것이다. 이처럼 열등감 혹은 열등의식은 궁극적으로 낮은 자긍심(Self-Esteem)에 뿌리를 두고 있는 것이다. 그러므로 열등감의 원천적 뿌리는 자긍심에서 좌우된 된다고 볼 수 있다. 이러한 의미에 있어서 자긍심에 대한 근본적인 이해를 파악하는 것은 열등감에 대한 올바른 이해와 그 해결책의 실마리를 찾을 수 있게 한다. 따라서 열등감이란 인간이 스스로를 비정상적으로 낮게 평가하여 느끼는 심리적인 감정으로 자존감(Self-Esteem)이 부적절하게 낮은 것이다. 그러므로 무엇보다 열등감을 극복하려면 나 스스로 자신을 존중하고, 남과의 비교로 인해 좌절보다 자신을 발전시키기 위해 노력하며, 결점을 커버하려고 몇 배의 노력보다 자신의 장점을 부각시키는 것이 더 현명하다고 생각한다.

1) 열등감을 극복하지 못한
나의 무표정

2) 열등감을 극복한
나의 밝은 표정

# 4. 기본 매너(Basic Manner)

## 1) 매너(Manner)의 정의

사전적의미로는 행동하는 방식이나 자세, 태도와 사람마다 갖고 있는 독특한 습관 몸가짐을 말한다. 매너는 제3자의 희망사항이며 기본개념은 상대방을 존중해주는데 있으며, 이는 상대방에게 불편이나 폐를 끼치지 않고 편하게 하는 것을 뜻한다.

에티켓은(Etiquette) 사람들 사이의 합리적인 행동 기준을 가리킬 때 사용되고 이러한 에티켓을 바탕으로 행동으로 나타내는 것이 매너이다.

### (1) 매너의 다섯 가지 요소

① 온화한 표정
② 올바른 인사
③ 호감을 주는 말씨
④ 반듯한 자세와 동작
⑤ 단정한 용모와 복장

매너에는 여러 가지가 있는데 다루고 싶은 내용은 간단한 인사매너와 명함매너, 소개매너, 식사매너, 악수매너, 안내매너를 간략히 쉽게 이해 할 수 있도록 그림으로 정리하였으며, O · X 질문을 통해 일상생활에서 잘 알고 있지만 쉽게 실행하지 못하는 가장 기본적인 매너를 다루고자 합니다.

O · X 질문 내용은 주변 사람들을 보면서 느끼고 겪은 것인데 정말 너무도 기본적인 매너를 모르는 사람들이 많았다. 그러한 내용을 토대로 정리해 보았다.

## 2) 올바른 매너 O · X 답하기

(1) 방향이나 사람을 지시할 때는 정중함을 더 하기 위해 양손으로 안내한다.(o · x)

①

②

(2) 명함은 높은 사람이 아랫사람에게 정중하게 전달한다.(o · x)

①

②

(3) 명함을 받았을 경우 읽기 어려운 한자가 있을 때는 그 자리에서 물어 보는 것이 예의이다.(o · x)

(4) 상대방을 기억하기 위해서 명함의 뒤편에 특이 사항을 기록해 두는 것이 좋다.(o · x)

(5) 여러 장의 명함을 한꺼번에 받았을 때는 명함지갑에 순서대로 넣으면서 본인의 명함을 건넨다.(o · x)

①

②

(6) 소개 시에는 지위를 막론하고 연소자를 연장자에게 소개한다.(o · x)

①

②

(7) 집안 식구와 외부인을 소개 할 때 보통 외부인을 먼저 소개한 다.(o · x)

①

②

(8) 악수 시 신뢰감을 주기 위해서는 양손을 잡고 한다.(o · x)

①

②

(9) 악수는 이성간의 경우 남성이 먼저 청한다.(o · x)

①

②

(10) 남성은 악수를 할 때 방한용 장갑을 착용하고 악수를 한다.(o · x)

①

②

(11) 엘리베이터 안내 시 상대자가 다수 일 경우 안내자가 맨 나중에 탑승한다.(o · x)

①

②

(12) 모임 장소에 도착 했을 때 Clock Room에 큰 가방을 맡기고 여성의 경우 핸드백까지 보관 하는 것이 좋다.(o · x)

①

②

(13) 식사 중에 잠시 자리를 뜰 때는 냅킨을 가볍게 접어 테이블 위에 올려놓는다.(o · x)

①

②

(14) 마음속으로 정한 요리가 있어도 바로 주문을 하지 않고 일단 메뉴를 보고 주문하는 것이 원칙이다.(o · x)

①

②

(15) 칼과 포크를 팔자 형으로 만들면 식사가 종료되었음을 말한다.(o · x)

①

②

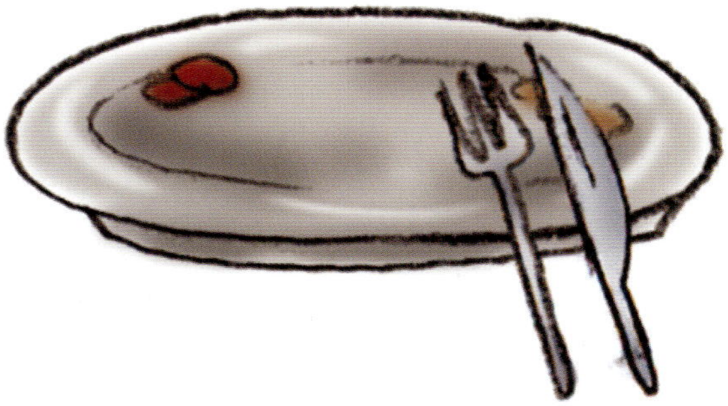

(16) 담배는 메인코스가 끝난 후에 주위사람들의 양해를 구한 뒤에 피워도 된다.(o · x)

①

②

(17) 스테이크는 오른쪽부터 잘라 먹는다.(o · x)

①

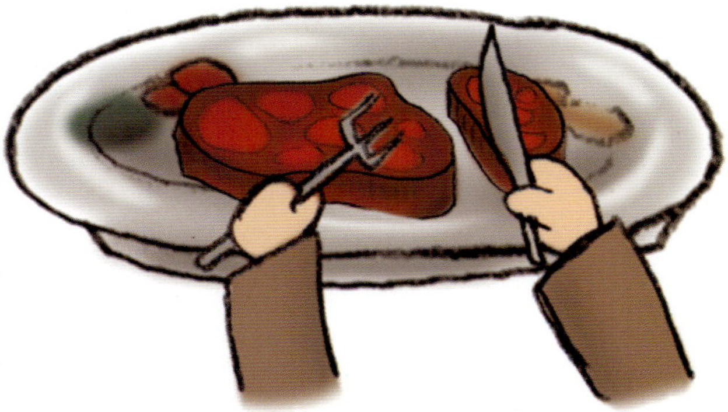

②

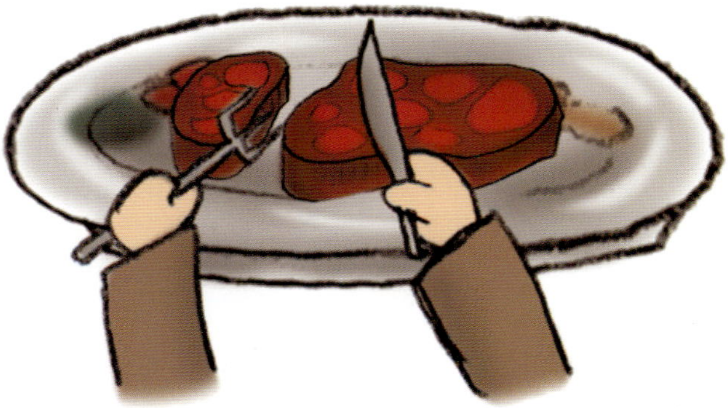

(18) 와인을 마시고 싶지 않을 때는 서비스 할 때 가볍고 와인 잔을 엎어 놓으면 된다.(o · x)

①

②

(19) 빵은 칼로 잘라서 먹는다.(o · x)

①

②

(20) 식사 전에는 식욕 촉진 주를 마시는데 알코올 농도가 가벼운 것이 좋다.(o · x)

답안지

| 1 | x | 2 | x | 3 | o | 4 | o | 5 | x |
|---|---|---|---|---|---|---|---|---|---|
| 6 | x | 7 | x | 8 | x | 9 | x | 10 | x |
| 11 | o | 12 | x | 13 | x | 14 | o | 15 | x |
| 16 | x | 17 | x | 18 | x | 19 | x | 20 | o |

# 5. 화장품(Cosmetic)

## 1) 화장품의 정의

인체를 청결 또는 미화하기 위하여 도찰, 살포, 기타 이와 비슷한 방법으로 물품으로서의 인체에 대한 작용이 경미한 것을 말한다.

## 2) 화장품의 사용 목적

화장품이란 피부에 변화를 주어서 단장하는 물품으로 피부를 근본적으로 아름답게 변화시키거나 피부의 결점이나 외관을 일시적으로 커버하여 시각적으로 변화를 주고자 하는데 목적이 있다.

## 3) 화장품의 종류

화장품은 크게 구분하면 기초화장품과 메이크업 화장품이 있다.

### (1) 기초화장품

피부에 인공 피지 막을 형성하여 피부를 윤택하게 하는 것으로 피부를 외관상 돋보이게 한다. 기보다 피부를 청정하게 하며, 보호하고 건강하게 해 주며, 노화를 방지 해 주고 또한 피부에 수분을 공급하고 조절하여 촉촉함을 주고 유연하게 한다.

#### ① 세정제품

피부에서 분비되는 피지와 땀, 피부표면층에 붙어있는 오염물, 메이크업의 잔여물을 제거시켜 주는 제품이다.

**a. 클렌징 워터**

오일 성분이 없는 세정제로 가볍고 산뜻한 사용 감을 가지고 있으며, 지성피부에 적합하다.

**b. 클렌징 로션**

모든 피부에 사용하기 적합하고, 산뜻하며 끈적임이 없다.

**c. 클렌징 크림**

세정력이 높으나, 유분함량이 많아 지성피부타입에 사용하기에는 적합하지 않으며, 건성피부에 적합하다.

**d. 클렌징 젤**

유분을 다량 함유한 유화타입이며, 세정력이 높고, 건성피부에 적합하며, 사용 후 촉촉함을 느낄 수 있다.

**e. 비누**

사용이 간편하며, 사용감이 좋으나 사용 후 당김이 있다.

**f. 클렌징 폼**

얼굴전용으로 사용하며, 거품 상태가 우수하고 사용하기에 간편하다.

② 정돈제품

세정으로 인해 잃었던 성분이나 피지분비 성분을 보충하는 제품이다.

**a. 화장수**

- **유연화장수**

각질층에 보습, 수분 성분을 함유하며 피부를 부드럽고 촉촉하게 해 주며, 모든 과정 후 특히 해면 처리나 습포처리 과정 후에는 보통 유연 화장수로 피부 결을 정돈 해 준다.

**b. 수렴화장수**

모공을 수축시켜 피부 결을 가다듬고 정리해 주며 산뜻한 느낌을 주는 기초화장수이다.

**c. 마사지 크림**

노폐물도 제거되고 피부에 영양 감을 부여 한다.

**d. 팩**

피부의 수분 증발을 막아 피부를 부드럽고 촉촉하게 해 준다. 팩은 반드시 세안 후 사용하시고, 자기 전에 사용하는 것이 좋다.

- **필 오프 팩**

크림이나 젤 타입으로 되어있고 얼굴에 바르고 마른 후는 팩이다. 이 팩은 사용 수 세안을 다시 한 후 기초화장품을 바르면 된다.

- **시트 팩**

거즈 같은 시트에 눈과 코 입이 뚫려있는 팩입니다. 세안 후 얼굴에 붙여두었다가 15~20분정도 지난 후 떼어낸다.

- 워시 오프 팩

크림이나 젤 타입으로 되어있고 얼굴에 바른 후 15~20분 후 세안하는 팩이다.

③ 보호 제품

외부자극으로부터 피부를 보호 해주며, 건강한 상태로 유지해 주는 제품이다.

**a. 로션(Lotion)**

피부에 수분과 유분을 주어 피부 표면을 다듬는 제품이다.

b. **크림**(Cream)

크림은 피부에 충분한 수분과 영양을 주어 잔주름과 피부탄력에 도움을 준다.

c. **에센스**(Essence)

에센스는 보습, 피부보호, 영양공급의 효과가 뛰어나다.

## ◈ 자외선[紫外線, ultraviolet rays]

태양광의 스펙트럼을 사진으로 찍었을 때, 가시광선보다 짧은 파장으로 눈에 보이지 않는 빛이다.

햇빛 속에는 적외선, 자외선, 가시광선 등 다양한 파장의 광선이 섞여있다. 그중에서 가장 피부에 영향을 주는 것은 자외선이다. 자외선은 길이에 따라 A, B, C로 나뉜다.

자외선A는 피부를 태워 칙칙하고 검게 만드는 원인이 된다. 파장이 길기 때문에 깊이 침투하여 진피를 손상시키고 그로 인해 피부 노화의 원이 된다. 자외선B는 피부세포노화에 직접 영향을 미쳐 잔주름, 피부암을 일으킨다. 자외선C는 세포를 완전히 파괴하는 작용이 있어 살균소독에 쓰여 피부에는 거의 영향을 미치지 않는 것으로 알려져 있다.

### 자외선 차단제

- 본격적인 자외선 차단을 위해 자외선 차단제를 사용하는데, 외출 30분 전에 미리 발라 피부에 밀착될 시간을 충분히 준다.
- 야외에서 장시간을 보낼 경우는 2~3시간마다 덧발라 주는 것이 좋다.
- 무조건 차단지수가 높은 제품을 사용하는 것이 아니라 상황에 맞게 제품을 선택하는 것이 좋다.
- 일상적인 상황에서는 SPF지수 10~15, 스포츠 활동 시나 여름철 야외로 나갈 때, 겨울철 스키장에 갈 때엔 SPF 30 이상 되는 제품을 바른 후 수시로 덧발라주는 것이 좋다.

## ✪ SPF(Sun Protection Factor) 에 대해

### • SPF(Sun Protection Factor)란?

피부가 자외선으로부터 보호되는 정도 및 시간을 지수로 나타낸 것이다. 일반적으로 SPF1의 제품을 바를 경우에는 15~20분 정도 자외선이 차단되는 것을 의미한다.

### •SPF 계산하는 법

ex1) SPF10일 경우 자외선이 차단되는 시간은
10×15~20=150~200분. 그러므로 약 2시간 30분~3시간 정도 후에 다시 한 번 덧발라 주어야 한다.

ex2) SPF25일 경우 자외선이 차단되는 시간은
25×15~20=375~500분. 그러므로 약 6시간 25분~8시간 33분 후에 다시 한 번 덧발라 주어야 한다.

## ✪ 자외선 주의사항

- 자외선이 강한 오전10시에서 오후2시 사이에는 외출을 피하고, 외출 시에는 모자나 양산 등을 사용하여 직접 직사광선이 닿지 않도록 해야 한다.
- 피부와 마찬가지로 머리염색에 있어서도 햇빛은 최대의 적이다. 외출 시 스카프나 모자를 사용하는 것이 좋고, 헤어 전용 자외선 차단제를 사용하는 방법도 있다.
- 피부가 빨갛게 그을렸다면 냉장고에 넣어 차갑게 만든 스킨이나 저지방우유를 화장 솜이나 거즈에 적셔 자극받은 피부에 덮어 두면 피부 열기를 식히는 데 도움이 된다.
- 열기와 통증을 가라앉히는 데는 감자나 오이를 사용한 천연 팩을 활용하는 것도 좋다.

### (2) 메이크업 화장품

얼굴의 잡티를 가리기 위해 피부화장을 너무 두껍게 하는 것은 피부의 건강뿐 만 보는 사람으로 하여금 거부감을 주기도 한다.

자연스럽게 안 한 듯 하면서도 웬지 정돈 된 듯한 피부. 그 속에 숨겨진 투명한 아름다움의 표현은 메이크업 베이스이다.

메이크업의 첫 단계로 사용하며, 요즈음 펄이 함유 되어 샤이니 한 느낌을 주는 제품과 자외선 차단 기능이 있는 제품, 파운데이션을 안 해도 기본 피부 톤을 조절 해 주는 제품들도 있다.

#### ① 메이크업 베이스

**a. 메이크업 베이스의 사용 목적**

- 피부를 맑고 화사하게 표현 한다.
- 메이크업의 잔해로부터 피부를 보호하고 피지를 조절하여 파운데이션이 잘 펴지도록 조절 한다.
- 외부자극(먼지, 자외선, 적외선, 바람, 파운데이션 등) 으로 부터의 피부를 보호 한다.

**b. 메이크업 베이스의 사용 방법**

- 기초화장 후 소량을 펴 발라 준다.

- 지나치게 많이 바르면 오히려 파운데이션이 밀리게 되므로 적당량을 바른다.
- 눈 꼬리 쪽은 건조하기 쉽고 잔주름이 생기기 쉬우므로 특히 신경을 써서 세심하게 바른다.
- 메이크업 베이스를 바르고 5분경과 후에 파운데이션을 바른다. 바른 후 따뜻한 손바닥으로 두들겨 주면 더욱 흡수력이 뛰어나 파운데이션이 고르게 잘 발라진다.

**c. 메이크업 베이스 색상의 종류와 용도**

- **그린**(Green) : 일반적으로 가장 많이 사용되며, 붉은 기운을 감추고자 할 때 사용하면 좋다.

- **핑크**(Pink) : 혈색이 없고 창백한 얼굴을 혈색 있는 피부로 표현하고자 할 때 사용한다.

- **베이지**(Bage) : 자연스러운 피부 표현을 하고자 할 때 사용하며, 누구나 무난하게 잘 어울린다.

- **청색**(Blue) : 피부를 희게 표현하거나, 또한 시원한 느낌의 메이크업을 하고자 할 때 사용하며, 기미 · 주근깨 · 잡티가 있는 피부에 사용하면 좋다.

- **오렌지**(Orange) : 검은 피부나, 썬탠한 느낌의 피부를 표현 하고 자 할 때 사용한다.

- **보라**(Purple) : 중년 피부에 잘 어울리고, 화사한 표현과 우아한 이미지를 연출 할 때 사용한다.

- **흰색**(White) : 피부를 희게 표현하고자 할 때 사용한다.

#### d. 메이크업 베이스 종류와 피부타입별 선택요령

**• 크림타입(Cream Type) - 건성 · 중성피부**

피부가 건조한 건성피부나 피부상태는 좋지만 촉촉한 피부상태를 유지하고 싶은 중성피부는 유분이 보강된 크림타입을 사용하여 피부 건조를 막아주는 것이 좋다.

**• 리퀴드 타입(Liquid Type) - 중성 · 민감성피부**

피부가 민감하거나 산뜻함과 보습을 동시에 만족하고 싶은 중성 피부는 로션타입으로 그 효과를 얻을 수 있다.

**• 젤 타입(Gel Type) - 여드름피부**

유분은 피하고 산뜻하게 피부를 유지시켜야 하는 여드름 피부에 좋다.

**• 스틱타입(Stick Type)**

눈 밑, T존 등 화사한 피부표현을 두드러지게 표현할 때 사용한다.

### ② 파운데이션(Foundation)

#### a. 파운데이션의 목적

- 아름답고 건강한 피부를 표현 해 준다.
- 결점을 보완 해 준다.
- 외부자극으로부터 피부를 보호 해 준다.
- 피부를 표현 해 주는 가장 중심 역할을 해 준다.
- 얼굴의 입체감을 표현 해 준다.

b. **파운데이션의 종류**

**리퀴드 타입**(Liquid Type)

- 사용감이 가볍고 보습효과가 있다.
- 투명하고 자연스러운 피부표현에 적합 하다.
- 단점은 지속력과 커버력이 떨어진다는 것이다.

**크림 타입**(Cream Type)

- 리퀴드 타입 보다는 지속력과 커버력이 좋다.
- 건성피부나 중년피부에 좋다.

**케이크 타입**(Cake Type)

- 파운데이션과 파우더의 이중효과를 얻을 수 있다.
- 퍼프를 물에 적셔 사용하면 촉촉한 느낌과 가벼운 느낌을 얻을 수 있다.
- 커버력과 밀착력이 우수하며, 땀과 물에 강하며 지속력이 좋다.

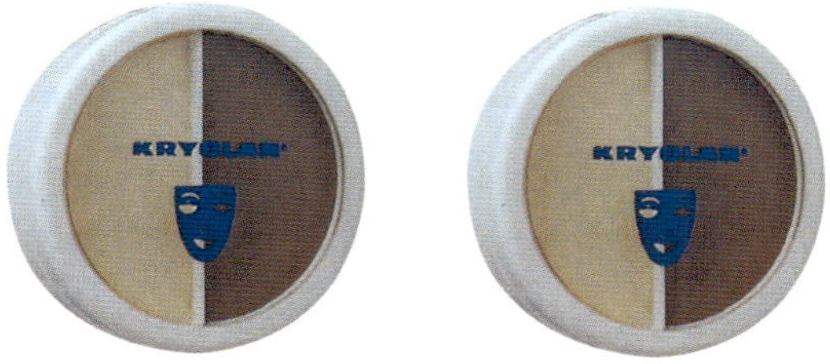

**※ 주의 사항**

- 파운데이션으로 피부표현을 할 때 얼굴과 목 부위 경계선이 없도록 자연스럽게 표현 한다.

### ③ 페이스 파우더(Face Powder)

파우더는 피부 표현을 마무리 하는 단계로 고운 피부 결을 연출하는 데 중요한 역할을 한다. 가장 큰 목적은 파운데이션의 유분기 제거이며, 피부색상을 깨끗하게 연출해주고, 또한 파운데이션의 지속성 유지, 외부자극으로부터 피부를 보호하는데 목적이 있다.

또한 파운데이션의 커버력을 높여 오랜 시간 메이크업을 지속시켜 주는 기능과 피부가 번들거리거나 끈적이는 것을 막아 주며 피부 표면에 겉도는 피지를 흡수해 피부를 뽀송뽀송하게 표현 해 주기도 한다.

a. 파우더 종류

루스 파우더

– 피부에 곱고 얇게 잘 발라지며 자연스러운 표현을 하기에 적합한 제품이나 커버력이 떨어지고 가루가 날리는 단점이 있다.

• **투명 파우더** : 투명한 베이지 톤의 파우더이며, 원래의 피부 톤 정리만 자연스럽게 표현하고 싶을 때 사용한다.
건강한 피부색을 드러내어 자연스러운 메이크업을 완성 시켜 준다.
번들거림을 잡아주되 밑 화장이 그대로 드러나므로 깨끗한 피부 톤을 가진 사람에게 무난하다.

• **펄 파우더** : 펄이 함유된 파우더로 화사하고 생동감 있으며 건강한 피부표현을 연출한다.

• **컬러 파우더** : 컬러 파우더는 피부 톤 조정용으로 각 색상별로 아래와 같이 효과가 있다.

✪ 컬러 파우더 종류

✦ **화이트** : 진한 컬러의 파우더를 밝게 만들고 싶을 때 섞어서 사용하면 색상을 조절 할 수 있다. 이마 중앙과 콧등, 눈 밑 등 하이라이트를 넣는 부위에 발라 주면 칙칙한 느낌이 사라지면서 얼굴 윤곽이 살아난다.

✦ **옐로우** : 피부의 노란 톤을 강조하거나 붉은 기가 많은 여드름 피부, 모세혈관이 드러난 피부, 여드름 자국이 있는 피

부를 커버할 때 사용하며, 파우더 색상을 베이지에 가깝게 조절할 때 혼합하여 사용한다.
동양인 피부 색상에 적합하며, 검은 피부를 베이지 톤으로 조절 할 때 효과적이다.

✦ **핑크** : 하이라이트를 표현 할 때 사용되며, 노랗고 혈색이 없는 칙칙한 피부를 화사하게 표현할 때 사용 한다.
신부메이크업 등 피부를 선명하고 화사하게 표현하고자 할 때 사용한다.

✦ **피치핑크** : 베이지 파우더만으로는 혈색이 없어 보일 때 살구 색 파우더를 섞어주면 피부가 청순하고 화사해 보이게 된다. 원래의 피부색보다 한 톤 밝은 파운데이션을 바른 뒤에 특히 피부가 흰 사람이 사용하면 창백한 기운이 사라지면서 더욱 투명하고 맑아 보인다.

✦ **퍼플** : 피부의 노란 기운을 중화시켜주는 컬러파우더이다.
노란 피부가 많은 우리나라 여성들이 섞어서 사용하면 피부가 한결 밝고 화사해지며, 검은 피부라면 누드 메이크업을 한 후 덧발라 보면 화사하면서도 쿨 한 인상을 연출할 수 있다.

✦ **다크 브라운** : 파우더 색상을 좀 더 어둡게 사용하고자 할 때 섞어서 사용하면 좋다. 검은 피부를 화사하게 표현하고자할 때는 다크 브라운 파우더에 핑크색 파우더를 섞으면 화사한 피부를 표현 할 수 있다.

✦ **파스텔 블루** : 붉고 잡티가 많은 피부를 완화 시킬 때 사용하면 좋으며, 차갑고 이지적인 느낌을 준다.

✦ **내추럴 베이지** : 한국 여성에게 가장 무난하게 어울리는 색의 파우더이며, 부드럽게 피부에 밀착되기 때문에 자연스러운 분위기를 연출하기에 알맞으며 컬러 파우더와 섞어 사용하면 기본 색상이 된다.

✦ **오렌지** : 썬 탠 한 느낌의 화장을 하고자 할 때 사용한다.

✦ **그린** : 여드름 피부 등 붉은 톤의 피부색을 보색 효과로 조정하고자 할 때 사용한다.

<u>**프레스드 파우더**</u>

– 프레스드 파우더는 루스 파우더의 단점을 보완하여 고형으로 압축 시킨 제품으로 휴대하기가 간편하며, 주로 콤팩트 파우더라 고도하며 커버력이 우수하다.

<u>**피니시 파우더**</u>

– 펄이 함유되어 있고 색색이 알갱이로 되어 있으며, 화사하고 화려한 표현을 하고자 할 때 사용 되며 주로 메이크업의 마무리용으로 사용 된다.

④ 아이메이크업(Eye Make-up)

a. **눈썹 화장**(Eyebrow Make-up)

- **눈썹의 기본 형태** : 눈썹머리, 눈썹 산, 눈썹꼬리
- **눈썹 화장의 목적**
  - 얼굴 전체적인 이미지 변화에 많은 영향을 준다.

- 새로운 개성 창출에 도움을 준다.
- 얼굴의 좌우 균형과 눈매의 결점을 보완 해 준다.

**▶ 눈썹 컬러**

- **검정**(Black)
  - 뚜렷한 개성을 강조하며, 정열적이고 활동적인 느낌.

- **그레이**(Gray)
  - 자연스럽고 부드러운 이미지.
  - 누구에게나 무난하게 잘 어울린다.
  - 단점은 나이가 들어 보이는 것이다.

- **브라운**(Brown)
  - 현대적인 감각과 성숙한 이미지(Image)를 연출한다.
  - 세련되고 우아한 느낌이다.

**▶ 실기 방법**

- 눈썹의 길이는 눈길이 보다 짧지 않게 그린다.
- 모발의 색상과 지나치게 다르지 않게 그린다.
- 좌우 눈썹이 대칭이 되도록 그린다.
- 처음 시작 할 때 눈썹의 앞머리보다 조금 뒤쪽에서 시작한다.
- **현대 변해 가는 눈썹 스타일은** 예전과 달리 눈썹머리, 눈썹산, 눈썹꼬리의 위치를 정확히 그리기보다 그 사람의 이미지에 어울리게 자연스럽게 그린다.

**※ 주의 사항**

- 눈썹은 얼굴의 지붕이라 할 만큼 전체 이미지를 좌우 할 수 있는 중요한 부분이다. 그러므로 자신에게 어울리는 눈썹모양으로 그려 주되 얼굴형에 어울리게 그려 준다.

- 눈썹화장의 색상 선택은 자신의 모발 색과 눈동자 색에 맞추는데 톤을 한 단계 밝게 표현하거나 동일하게 맞춰준다.
- 눈썹을 그릴 때 주의할 점은 눈썹은 눈의 분위기를 결정짓는 중요한 요소 이므로 메이크업과 조화를 이루도록 해야 한다.
- 눈썹이 눈보다 강한 느낌을 주어서는 안 된다.
- 눈보다 작게 또는 너무 느낌이 약하게 그려진 눈썹도 눈 화장을 불완전하게 보이게 하므로 주의해야 한다.

b. **아이섀도(Eye Shadow)**

**◗ 목적**

- 색채감을 부여해서 눈에 표정연출을 한다.
- 음영강조를 해서 눈매의 수정효과를 준다.

**◗ 방법**

눈 형태에 맞게 입체감을 부여 한다.

**◗ 색상**

- 베이스 색상 : 눈두덩이 전체부위에 펴주는 색상을 말한다.
- 메인 색상 : 눈두덩이 전체부위 중 가장 중심 색상을 말한다.
- 포인트 색상 : 눈을 강조하기 위한 색상으로 가장 진한 색상으로 표현한다.
- 하이라이트 색상 : 가장 밝은 색상으로 눈두덩 돌출 부위를 표현한다.
- 언더라인 색상 : 부드러운 이미지를 표현할 경 우 밝은 색상으로 표현하고 강한 이미지를 표현 할 경우 짙은 색상으로 표현 한다.

◈ 노트

## 기초 아이섀도 테크닉

### 원 포인트 테크닉

- 가장기본이 되는 테크닉
- 모든 눈 형태에 어울리는 테크닉
- 청순하고, 내추럴한 이미지를 연출하기에 적합한 테크닉
- 눈두덩 눈썹뿌리에 가까운 부분부터 색상을 부여해 자연스럽게 아이 홀 부분까지 자연스럽게 그라데이션 하면서 발라준다.

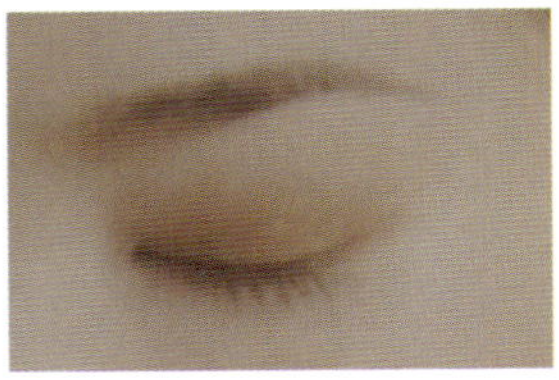

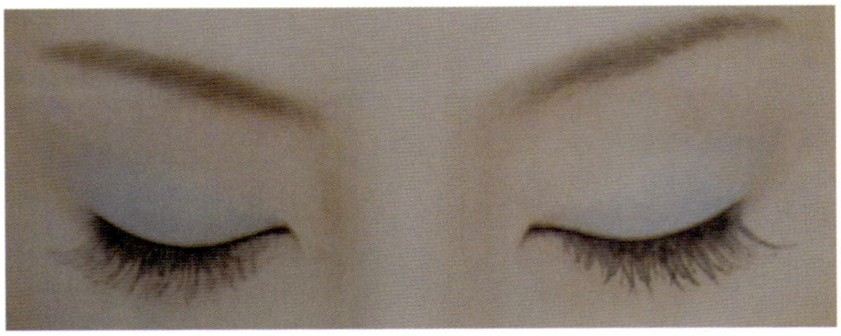

► 원 포인트 테크닉 실습 해 보기

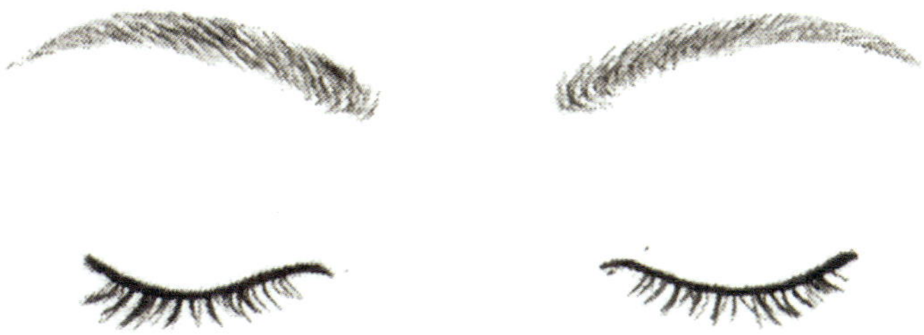

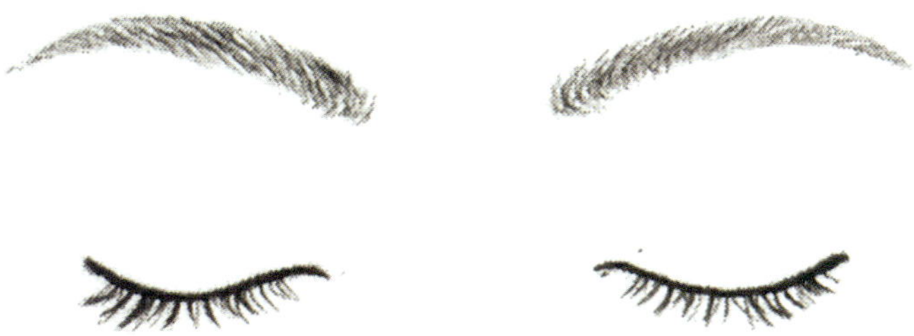

## 투 포인트 테크닉

- 좀 더 뚜렷한 눈매를 위한 테크닉
- 쌍꺼풀 부분을 강조할 경우 좋은 테크닉
- 눈두덩이 폭이 넓어 좁아 보이게 연출하기 적합한 테크닉
- 눈두덩 눈썹뿌리에 가까운 부분부터 색상을 부여해 자연스럽게 아이 홀 부분까지 원 포인트 테크닉으로 그라데이션 한 후 쌍꺼풀 부분을 다시 눈두덩 눈썹뿌리부터 좀 더 짙은 계열로 쌍꺼풀 부분에 섀도를 발라 준다.

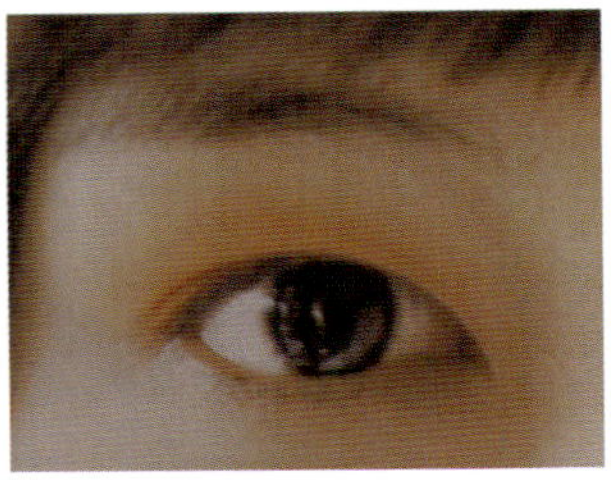

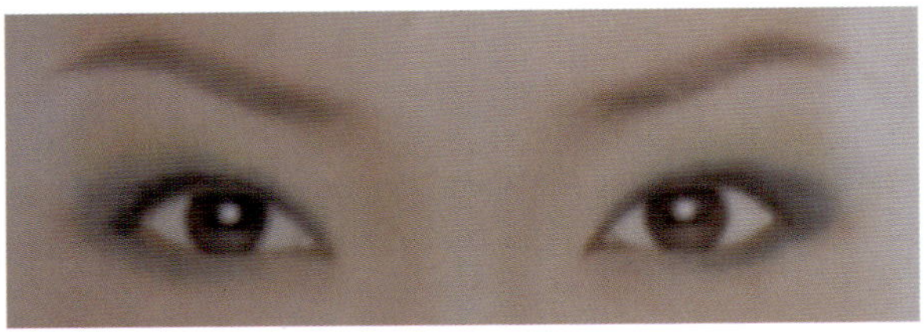

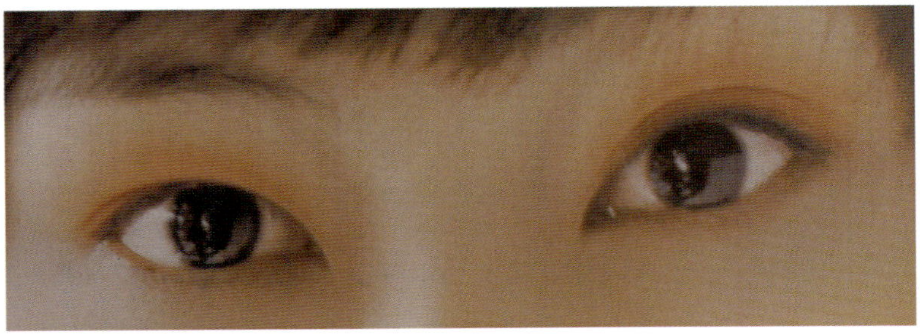

► 투 포인트 테크닉 실습 해 보기

## 꼬리 포인트 테크닉

- 눈이 작아 크게 보이게 적합한 테크닉
- 뚜렷하고 강한 눈매를 원할 때 적합한 테크닉
- 원 포인트 테크닉을 한 후 눈 꼬리 1/3지점에 원 포인트 한 색상보다 짙은 색상으로 표현한다.
- 원 포인트를 하지 않고 꼬리 포인트만 해도 좋다.

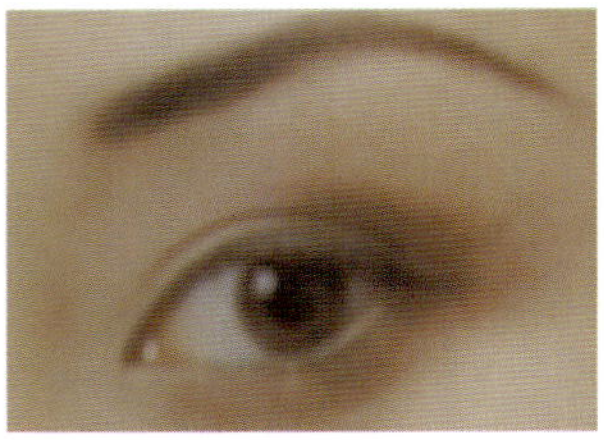

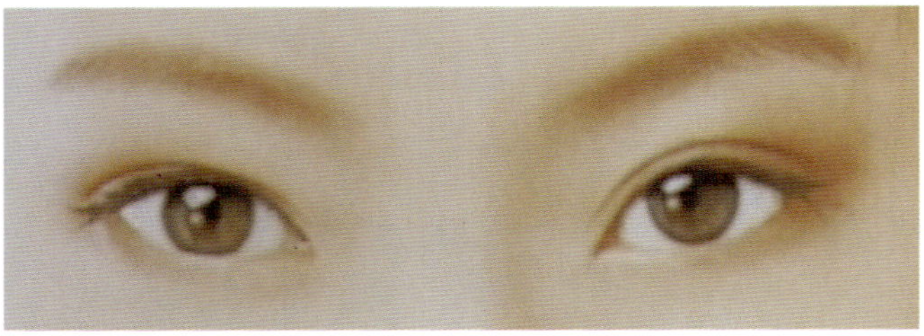

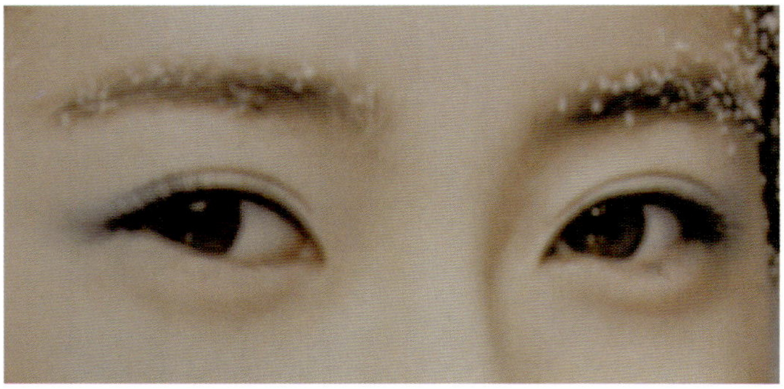

► 꼬리 포인트 테크닉 실습 해 보기

## 아이 홀 포인트 테크닉

- 그윽하고 깊은 눈매를 표현하고자 할 때 효과적인 테크닉
- 내측 홀 라인 기법과 외측 홀 라인 기법이 있다.
- 눈두덩이 들어가 있는 형태에 잘 어울린다.

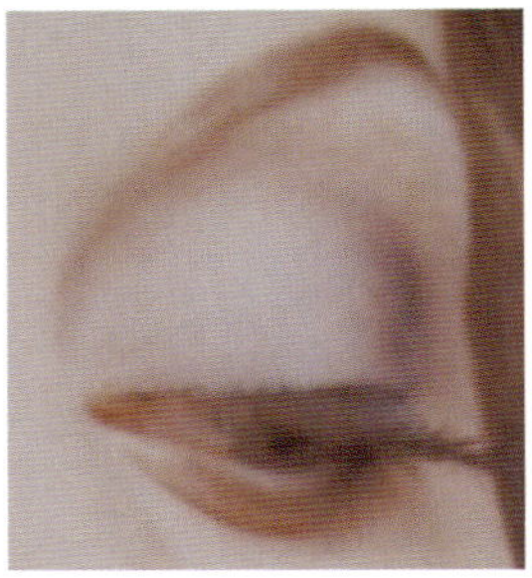

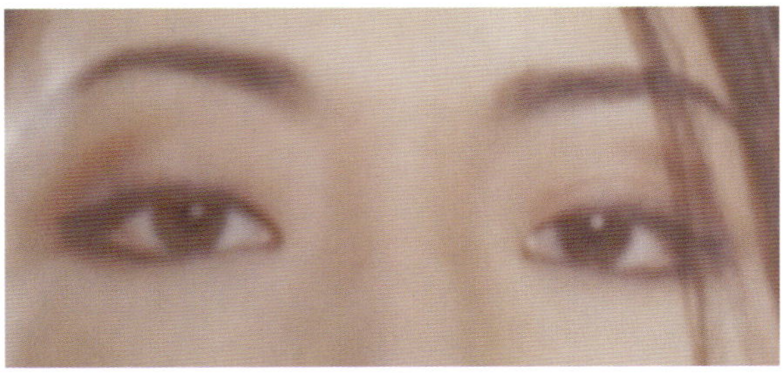

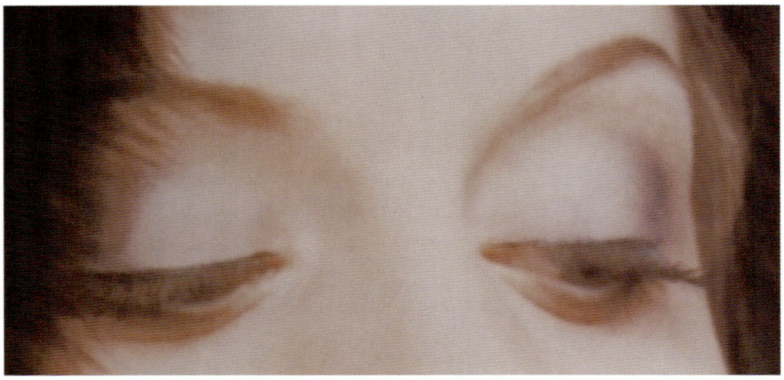

► 아이 홀 포인트 테크닉 실습 해 보기

### c. 아이 라인(Eye line)

**◘ 목적**

- 눈매를 뚜렷하고 선명하게 강조 해 준다.
- 눈매의 수정 및 생동감을 준다.

**◘ 종류**

- 브러시 타입
- 펜슬 타입
- 케이크 타입
- 리퀴드 타입

◘ 방법

- 끝에서 1~2mm 남기고 45° 각도로 날씬하게 뽑듯이 그린다.
- 요즈음은 속눈썹 사이사이 메우듯이 워트푸르프 타입의 펜슬로 그리며, 눈을 강조 할 경우에는 펜슬 타입으로 눈 위아래 점막 부분도 그리기도 한다.

d. 마스카라(Mascara)

◘ 목적
- 깊이 있는 눈매 연출
- 길고 풍부한 속눈썹 연출로 여성스러움을 강조한다.

◘ 방법
모근에서부터 뭉치지 않게 골고루 깔끔하게 발라준다.

e. **인조 속눈썹 붙이기**

◘ **준비물** : 인조속눈썹, 가위, 면봉, 접착제

◘ **시술단계**
아이섀도 → 아이래시 컬 → 마스카라 → 속눈썹붙이기
→ 아이라인(마스카라는 생략하거나 마지막에 해도 좋다.)

◘ **시술방법**
- 본래 속눈썹과 유사한 것으로 선택한다.
- 눈 모양에 맞게 형태를 구부려 유연하게 한다.
- 눈 길이에 맞추어 양쪽으로 길이를 자른다.
- 접착제를 선에 따라 바른 후 약간 굳었을 때 붙인다.

✪ **속눈썹을 심을 경우** : 본인의 속눈썹이 골고루 있을 경우

✪ **속눈썹을 통째로 붙일 경우** : 눈두덩이 수북한 사람과 본인의 속눈썹의 숱이 적은 경우

## ⑤ 노즈 메이크업(Nose Make-up)

### ◗ 목적

• **입체적 효과**

코는 얼굴의 가장 중앙에 위치한다. 즉 안경이 받쳐지는 자리 또는 눈이 시작되는 곳이나, 들어간 곳을 이용하는 것이 T-Zone부위에 입체감을 주는 방법이다. 앞에서 보면 빛이 잘 닿지 않는 곳이고, 얼굴에서 가장 면적이 좁은데 그곳에 섀도색상을 하여 들어가 보이게 하여 뚜렷한 이미지를 주게 한다.

• 코의 형태 수정효과

코는 윤곽수정과 더불어 수정화장에 들어간다. 코의 수정목적은 대체적으로 높게 보이고자하는데 있다.

Nose Shadow를 자연스럽게 하기 위해선 우선 자기 코의 모양과 골격을 잘 판단해서 보완점으로 Nose Shadow를 하는데 정면에서 뿐만이 아니라 옆에서 보아도 제3자가 알아볼 수 없도록 Nose Shadow를 가장 자연스럽게 해야 하며, 코 주위의 Make-up에 세 심한 주의를 해야 한다.

### ◗ 제품의 종류

• 펜슬 타입
• 케이크 타입
• 크림 타입

## 4) 코의 형태에 따른 수정 Make-up

**기본**

- 다크 브라운의 섀도색상으로 바른다.
- 겉눈꺼풀과 코끝을 향해서 바른다.
- 옆에서 보아 선을 그은 것처럼 보이지 않게 잘 바른다.

**짧은 코**

코 끝 쪽을 향해 세로로 길게 바른다.

**긴 코**

눈머리(아이 홀 아래)에서 시작하여 코 벽을 따라 짧게 바르고, 눈썹까지 연결시키면 더욱 길어 보인다.

**큰 코와 넓적한 코**

- 콧방울이 많이 크거나 둥근 경우는 콧등이 빈약해 보이지 않도록 유의한다.
- 코폭이 넓은 경우는 코 벽에 어두운 파운데이션을 바르고, 밝은 파운데이션은 콧등에 바른다.

**매부리 코**

꺾어져 튀어나온 곳은 어둡게 하고, 들어간 곳엔 Highlight로 강조한다.

### ⑥ 치크 메이크업(Cheek Make-up)

**◘ 목적**

(1) 생기 있는 건강미 표현

- 얼굴에 나타나는 홍조는 나이에 따라서 다른데 화장을 함으로써 조절 할 수 있다.
- 치크 메이크업은 뺨에 홍조를 주어 자연스러움과 화사함을 연출해 준다.
- 창백하고 피곤해 보이는 모습을 감춰 주므로 건강한 아름다움을 표현 해 준다.

(2) 윤곽수정

입체감이 증가되며 윤곽수정에 효과가 있다.

**◘ 색의 종류와 이미지**

- 핑크계열 : 신선한 느낌으로 귀엽고 사랑스러워 보인다.
- 오렌지계열 : 성숙해 보이면서 건강한 젊음을 느끼게 한다.
- 브라운계열 : 세련되고 지적인 느낌을 준다.

### ⑦ 립 메이크업(Lip Make-up)

**◘ 목적**

- 메이크업의 전체적인 분위기 상승 시킨다.
- 입술을 보호 한다.
- 입술형태 수정의 효과가 있다.

### 종류

**립스틱**

- 입술에 변화를 주어 새로운 이미지연출에 효과적이다.
- 얼굴에 생기와 아름다움을 준다.

**립크림**

- 외부자극으로부터 입술을 보호해 트거나 갈라짐을 방지한다.
- 색상은 립스틱과 같은 계열을 선택하는 것이 좋다.

**립 라이너**

- 입술 선을 선명하게 표현해 주며 입술화장을 번지지 않게 오래 지속시킬 수 있다.
- 자신이 원하는 모양을 뚜렷하게 그릴 수 있다.
- 요즈음은 많이 사용하지 않는다.
  (자연스러운 입술 표현을 원할 경우)

**립글로스**

- 입술을 촉촉하게 하며 윤기를 주어 입술을 보호해 준다.
- 무색 립글로스는 화장을 하지 않는 사람이나 학생들도 사용할 수 있다.

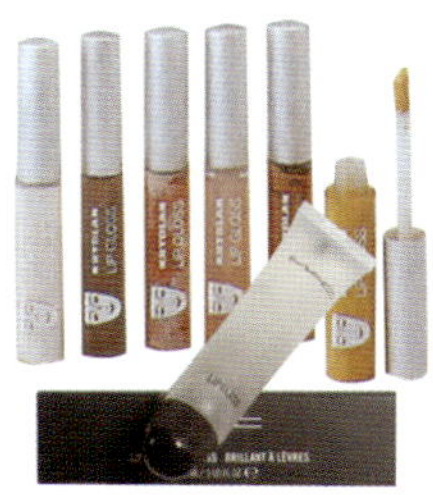

## ※ 색상이 주는 이미지

**핑크계열(청순함, 귀여움)**

① 화사하며 부드러운 여성미와 청순하며 귀여운 이미지의 색이다.

② 봄의 이미지에 잘 어울리는 색으로 비치는 소재의 옷, 레이스, 파스텔 톤의 의상과 잘 조화 된다.

### 오렌지계열(건강함, 발랄함)

① 태양을 상징하는 오렌지는 발랄하고 건강미가 있으면 활동적이고 젊음을 상징하는 이미지이다.

② 동양인의 피부에 잘 어울리는 편이나 약간의 주의가 필요하다. 즉, 오렌지색이 지닌 은은한 매력을 표현하려면 립글로스나 옅은 브라운 계열의 립스틱과 섞어서 연하게 발라야 세련되어 보인다.

### 퍼플계열(매혹적, 섹시함)

① 우아하고 로맨틱하며, 품위 있는 색상이다.

② 자기주장이 있고, 신선하며, 매혹적인 입술로 연출해 준다.

③ 블루 퍼플계나 자주 퍼플계를 바르면 차분하고 지적인 이미지를 연출 해 주며, 블랙기가 도는 다소 어두운 퍼플계열은 성숙한 이미지를 연출한다.

### 브라운계열(세련됨, 성숙함)

① 차분하고 자연스러운 색상이며, 톤에 따라 세련된 현대감각을 느끼게 하며, 가을 이미지에 적합하다.

② 사계절 모두 무난하게 사용할 수 있는 색상이나 너무 차분한 느낌으로 자칫 가라앉아 보이게 할 수 있으므로 펄이 들어간 립스틱과 함께 사용 하면 입체감 있게 보인다.

### 레드계열(정열적, 화려함)

① 정열, 화려, 매혹의 대명사가 되는 색상으로 립스틱의 대표적인 색상이며 정통적인 색상으로 복고풍 의상에는 빼 놓을 수 없는 색상이다.

② 가장 큰 장점은 피부를 깨끗하고 투명하게 보이게 하므로 피부상태가 나쁘거나 피부에 자신이 없는 사람일수록 레드 립스틱을 바르면 효과적이다.

## 5) 자외선[紫外線, ultraviolet rays]

태양광의 스펙트럼을 사진으로 찍었을 때, 가시광선보다 짧은 파장으로 눈에 보이지 않는 빛이다.

햇빛 속에는 적외선, 자외선, 가시광선 등 다양한 파장의 광선이 섞여있다. 그중에서 가장 피부에 영향을 주는 것은 자외선이다. 자외선은 길이에 따라 A, B, C로 나뉜다.

자외선A는 피부를 태워 칙칙하고 검게 만드는 원인이 된다. 파장이 길기 때문에 깊이 침투하여 진피를 손상시키고 그로 인해 피부 노화의 원인이 된다. 자외선B는 피부세포노화에 직접 영향을 미쳐 잔주름, 피부암을 일으킨다. 자외선C는 세포를 완전히 파괴하는 작용이 있어 살균소독에 쓰여 피부에는 거의 영향을 미치지 않는 것으로 알려져 있다.

### (1) 자외선 차단제

① 본격적인 자외선 차단을 위해 자외선 차단제를 사용하는데, 외출 30분 전에 미리 발라 피부에 밀착될 시간을 충분히 준다.

② 야외에서 장시간을 보낼 경우는 2~3시간마다 덧발라 주는 것이 좋다.

③ 무조건 차단지수가 높은 제품을 사용하는 것이 아니라 상황에 맞게 제품을 선택하는 것이 좋다.

④ 일상적인 상황에서는 SPF지수 10~15, 스포츠 활동 시나 여름철 야외로 나갈 때, 겨울철 스키장에 갈 때엔 SPF 30 이상 되는 제품을 바른 후 수시로 덧발라주는 것이 좋다.

### ✪ SPF(Sun Protection Factor) 에 대해

- **SPF(Sun Protection Factor)란?**

  피부가 자외선으로부터 보호되는 정도 및 시간을 지수로 나타낸 것이다. 일반적으로 SPF1의 제품을 바를 경우에는 15~20분 정도 자외선이 차단되는 것을 의미한다.

• **SPF 계산하는 법**

ex1) SPF 10일 경우 자외선이 차단되는 시간은
10×15～20=150～200분. 그러므로 약 2시간 30분～3시간 정도 후에 다시 한 번 덧발라 주어야 한다.

ex2) SPF 25일 경우 자외선이 차단되는 시간은
25×15～20=375～500분. 그러므로 약 6시간 25분～8시간 33분 후에 다시 한 번 덧발라 주어야 한다.

## (2) 자외선 주의사항

① 자외선이 강한 오전10시에서 오후2시 사이에는 외출을 피하고, 외출 시에는 모자나 양산 등을 사용하여 직접 직사광선이 닿지 않도록 해야 한다.

② 피부와 마찬가지로 머리염색에 있어서도 햇빛은 최대의 적이다. 외출 시 스카프나 모자를 사용하는 것이 좋고, 헤어 전용 자외선 차단제를 사용하는 방법도 있다.

③ 피부가 빨갛게 그을렸다면 냉장고에 넣어 차갑게 만든 스킨이나 저지방우유를 화장 솜이나 거즈에 적셔 자극받은 피부에 덮어 두면 피부 열기를 식히는 데 도움이 된다.

④ 열기와 통증을 가라앉히는 데는 감자나 오이를 사용한 천연 팩을 활용하는 것도 좋다.

◈ 노트

# 6. 헤어 이미지 컨설팅(Hair Image Consulting)

## 1) 둥근형

| 둥근형 | 얼굴형의 특징 |
|---|---|
| | • 원형이 강조되는 얼굴로 두부의 프론트 부분과 턱 선이 눈에 띄는 둥근 얼굴형은 넓이와 길이가 거의 동일한 형으로 다소 귀엽고 발랄한 분위기를 주어 나이에 비해 어려 보이는 장점이 있다.<br>• 탑 부분에 볼륨을 주고 사이드 부분의 볼륨을 피해 최대한 길어 보이도록 연출한다. |
| | **어울리는 헤어스타일** |
| | • 둥근 얼굴의 골격을 최대한 길어 보이도록 하기 위해 센터 파트를 피하고, 사이드 파트를 이용하여 탑 부분에 볼륨을 주고 사이드 부분에 볼륨을 피해 최대한 자연스럽게 흘러내릴 수 있도록 디자인 한다.<br>• 수평선 보다는 수직선이 강조되는 헤어스타일을 통해 둥근형을 세련되고 개성 있게 보이도록 연출 할 수 있다.<br>• 긴 머리가 강조되는 스트레이트나 탑 부분에 볼륨을 주는 자연스러운 업스타일, 사이드 파트를 이용한 탑 부분에 볼륨이 들어간 다양한 헤어스타일들이 비교적 둥근 얼굴형에 어울리는 헤어스타일들로 볼 수 있다. |
| | **피해야 할 헤어스타일** |
| | • 둥근형의 얼굴은 되도록 얼굴이 계란형에 가깝도록 헤어스타일을 연출해 주어야 한다.<br>• 귀 뒤로 모발을 넘겨 얼굴을 드러내면 더욱더 둥근 느낌을 강조하게 되며, 사이드의 볼륨은 절대로 피한다. |

## 2) 둥근형에 어울리는 헤어스타일

### 3) 장방형

| 장방형 | 얼굴형의 특징 |
|---|---|
| | • 공허한 분위기의 뺨을 가진 길고 가는 얼굴형으로 얼굴의 세로 길이가 가로 폭에 비해 매우 길다.<br>• 긴 얼굴은 지루해 보이고 턱이 길며 뾰족하여 자칫 날카로운 느낌을 주기 쉽다.<br>• 얼굴이 가늘어 보여 옛날에는 미인의 얼굴로 고전형의 머리가 잘 어울리므로 한복에 잘 맞는 고전적인 분위기의 이미지로 연출 할 수 있다. |
| | **어울리는 헤어스타일** |
| | • 얼굴이 전체적으로 길어 보이지 않게 하는데 중점을 두어야 하며 단발형의 보브 스타일이 잘 어울린다.<br>• 앞머리는 낮게 뱅(bang)을 만들어 주는 헤어스타일로 산뜻한 느낌을 준다.<br>• 사이드 부분에 웨이브 헤어스타일도 어울린다. |
| | **피해야 할 헤어스타일** |
| | • 얼굴형이 그대로 드러나 보이는 업스타일, 중간 파트를 나누는 것은 절대 피한다.<br>• 스트레이트 단발이나 머리길이가 얼굴 윤곽보다 짧으면 긴 얼굴형이 돋보이게 되므로 적합하지 않다. |

## 4) 장방형에 어울리는 헤어스타일

## 5) 역삼각형

<table>
<tr><td rowspan="6">역<br>삼<br>각<br>형</td><th>얼굴형의 특징</th></tr>
<tr><td>• 이마 폭이 넓고 양 턱의 선이 좁은 얼굴형으로 세미롱 스타일이나 부드러운 웨이브로 이마의 넓은 부위를 커버하는 스타일, 이마를 시원하게 드러내는 스타일 등으로 연출할 수 있다.</td></tr>
<tr><th>어울리는 헤어스타일</th></tr>
<tr><td>• 모든 헤어스타일이 잘 어울리는 얼굴형으로 탑을 조금 높게 하고 큰 뱅(bang)으로 이마를 좁게 하며 사이드는 양 볼의 윗부분을 가능한 바싹 붙이고 아랫부분에 양감을 많게 하면 좁은 턱 선을 부풀어 보이게 하여 뾰족한 것을 보완할 수 있다.</td></tr>
<tr><th>피해야 할 헤어스타일</th></tr>
<tr><td>• 크라운 부위를 평평하게 하거나 옆선을 강조하지 않도록 하며 키가 작은 사람은 롱 헤어스타일을 삼가는 것이 좋다.<br>• 특히 펌 등으로 볼륨을 살리면 머리나 얼굴이 실제보다 더 커 보이게 되고 중심을 아래로 이동 시키므로 키를 더 작아 보이게 한다.</td></tr>
</table>

## 6) 역삼각형에 어울리는 헤어스타일

## 7) 사각형

<table>
<tr><td rowspan="6">사<br>각<br>형</td><th>얼굴형의 특징</th></tr>
<tr><td>• 광대뼈와 턱 부분이 돌출되어 있어서 딱딱하고 고집스러운 인상을 줄 수 있다.<br>• 강조된 턱 선을 부드럽고 편안한 느낌을 줄 수 있도록 연출하는 것이 바람직하다.</td></tr>
<tr><th>어울리는 헤어스타일</th></tr>
<tr><td>• 길어 보이는 것보다는 둥글게 보이는 것이 중요하므로 얼굴을 감싸는 느낌의 헤어라인 부위에 그라데이션을 많이 내는 헤어스타일이 적당하며 턱 선이 드러나지 않도록 하는 것에 유의한다.<br>• 비대칭형의 스타일이나 전체적으로 웨이브를 많이 낸 롱헤어스타일이 어울린다.</td></tr>
<tr><th>피해야 할 헤어스타일</th></tr>
<tr><td>• 목덜미나 전체에 볼륨을 주는 스타일은 사각형을 강조 하게 되므로 피한다.<br>• 수평 보브나 평행 보브 스타일, 쇼트커트 스타일은 어울리지 않는다.<br>• 바깥쪽으로 머리흐름이 뻗치면 각진 것이 강조되므로 안쪽 말음을 하는 것이 좋다.</td></tr>
</table>

## 8) 사각형에 어울리는 헤어스타일

## 9) 직업별 이미지와 헤어스타일

| 직 업 | 이미지와 헤어스타일 |
|---|---|
| 보수적인 직업<br>(변호사, 검사 등) | • 내추럴한 단발 웨이브 스타일과 짧은<br>• 커트 스타일로 안정되고 차분한 느낌이 좋다. |
| 서비스 직업<br>(스튜어디스, 비서 등) | • 중간 길이 헤어스타일과 드라이나 펌 등으로 볼륨감 있는 헤어스타일 또는 앞머리가 올백으로 연출하는 스타일도 좋으며 깨끗하고 단정하며 밝은 스타일로 연출한다. |
| 창의적인 직업<br>(패션디자이너, 연예인 등) | • 화려하고 대담한 헤어스타일로 감각 있어보이는 이미지가 좋다. |
| 교 직<br>(교사, 상담사 등) | • 밝고 화사한 컬러 톤과 부드럽고 부담 없는 헤어스타일로 편안하고 부드러운 이미지를 연출한다. |
| 자영업 | • 너무 어리거나 화려한 스타일보다 선이 깨끗한 레이어 커트 스타일과 얼굴을 살짝 덮는 커트 스타일이 잘 어울린다. |
| | |

## 10) 체형에 따른 헤어 이미지 컨설팅

| 체 형 | 이미지 | 어울리는 헤어스타일 | 어울리지 않는 헤어스타일 |
|---|---|---|---|
| 키 크고 마른 형 | 가장 세련되고 이상적인 이미지 | 롱 웨이브 | 숏 스타일의 스트레이트 헤어스타일 |
| 키 작고 마른 형 | 귀엽고 여성스러운 이미지 | 단발 웨이브 | 롱 헤어 & 스트레이트 |
| 보통인 형 | 편안하고 균형적인 이미지 | 대체적으로 모든 스타일이 무난하다. | |
| 키 크고 뚱뚱한 형 | 둔하고 남성적이며 강한 이미지 | 단정한 스트레이트와 여성적이고 산뜻한 느낌의 단순한 헤어스타일 | 롱 헤어 & 강한 웨이브 |
| 키 작고 뚱뚱한 형 | 귀엽고 명랑한 이미지 | 숏 스트레이트 | 업스타일, 롱 웨이브, 단발 웨이브 |

# 7. 라인 컨설팅(Line Consulting)

## 1) 바디 타입(Body Type)

| 타 입 | 특 징 |
|---|---|
| 골격형 | • 뼈가 보이도록 마른 형태<br>• 살이 전혀 보이지 않으며 뼈로만 이루어진 몸의 형태<br>• 뼈가 드러나는 부분 – 어깨, 윗 가슴, 갈빗대, 발목 |
| 살집형 | • 살집이 보이는 형태<br>• 몸의 형태가 동글동글한 곡선이 보이는 몸의 형태<br>• 체크해서 보아야 할 부분 – 어깨, 팔뚝, 힙과 허벅지, 배, 무릎과 팔꿈치 |
| 근육형 | • 긴장된 근육형태가 나타난다.<br>• 살집 형과 같이 곡선의 형태를 갖고 있으나 단단하게 곡선을 이루고 있다.<br>• 체크해서 보아야 할 부분 – 어깨, 팔뚝, 등, 넓적다리, 장딴지 |

| 타 입 | 특 징 |
|---|---|
| 살집형<br>or<br>근육형 | • 골격과 살집이 골고루 펴져 있는 형태<br>• 대부분이 상태는 골격 형, 하체는 살집 형이나 반대의 형태도 있다.<br>• 골격이 이루어진 곳 – 어깨, 윗 가슴, 힙, 갈빗대<br>• 살집으로 이루어진 곳 –힙, 등, 넓적다리, 팔뚝, 배 |
| 살집형<br>or<br>골격형 | • 근육과 살집이 같이 보이는 형태<br>• 살집이 근육형으로 가고 있는 단계<br>• 근육이 살집으로 가고 있는 단계<br>• 근육형태가 보이는 곳 – 팔, 등, 어깨, 장딴지<br>• 살집이 보이는 곳 – 힙, 넓적다리 |

## 2) 바디 세이프(Body Shape)

### (1) H형(H Shape)

| | 특 징 | |
|---|---|---|
| H 형 | • 부드러움이 적고 직선의 바디 라인<br>• 허리선이 확실 하지 않다.<br>• 허리와 힙의 사이즈가 비슷하다.<br>• 전체 실루엣이 비슷하다. | 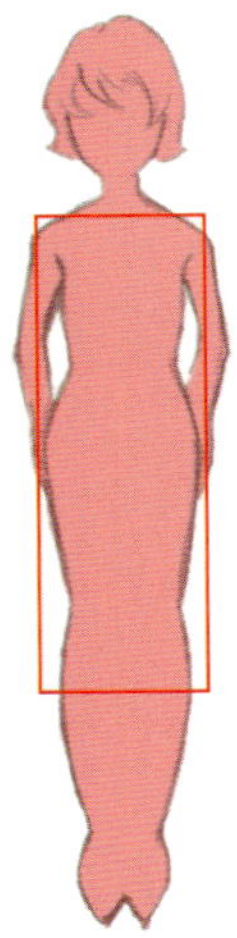 |
| | 어울리는 스타일 | |
| | • 직선 라인의 재킷<br>• 주름스커트(볼륨감 있는 스타일)<br>• 아래 허리선의 원피스 | |
| | 어울리지 않는 스타일 | |
| | • 폭이 넓은 벨트<br>• 가로로 된 패턴<br>• 스트라이프 디자인은 피한다.<br>• 박스 T 스타일은 피한다. | |

① H형에 어울리는 스타일

(2) 원뿔형(Cone Shape)

| 원뿔형 | 특 징 | |
|---|---|---|
| | • 어깨 폭이 넓다.<br>• 허리와 힙이 어깨 폭에 비해 좁다.<br>• 등이 넓다.<br>• 다리가 보통 가늘다.<br>• 가슴이 큰 경우가 있다. | 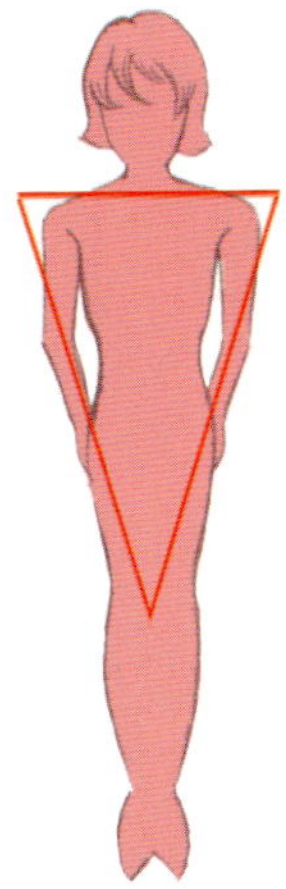 |
| | **어울리는 스타일** | |
| | • 래글란슬리브<br>• 주름스커트<br>• 심플한 디자인의 블라우스<br>• 스트라이프 디자인 셔츠<br>• 가슴을 드러내는 브이네크라인<br>• 스카프는 아래로 내리는 스타일<br>• 튀는 스타일의 스타킹 Good | |
| | **어울리지 않는 스타일** | |
| | • 수평라인의 상의<br>• 어깨장식<br>• 소매가 큰 디자인<br>• 보트네크라인 | |

② 원뿔형에 어울리는 스타일

### (3) 스푼형(Spoon Shape)

<table>
<tr><td rowspan="6">스푼형</td><td colspan="2">특 징</td></tr>
<tr><td>• 하체가 상체보다 넓다.<br>• 허리 아래 부분이 폭이 넓고 무거운 보이는 느낌<br>• 가슴이 작은 경우가 있다.</td><td>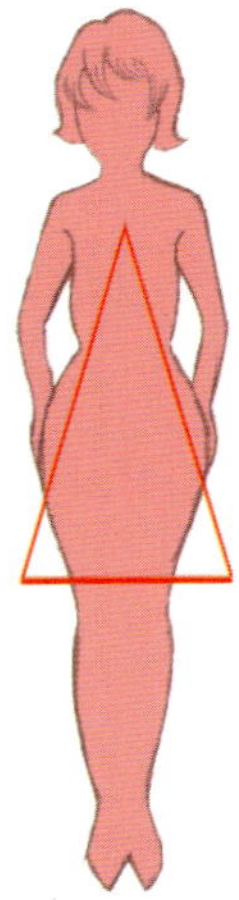</td></tr>
<tr><td colspan="2">어울리는 스타일</td></tr>
<tr><td colspan="2">• 상의에 주름, 어깨장식이 있는 디자인<br>• 패드가 들어간 재킷 스타일<br>• 수평라인의 상의<br>• 아래가 좁아지는 스커트 스타일</td></tr>
<tr><td colspan="2">어울리지 않는 스타일</td></tr>
<tr><td colspan="2">• 래글런슬리브<br>• 개더, 주름 스커트<br>• 무늬가 화려한 스타일</td></tr>
</table>

③ 스푼 형에 어울리는 스타일

(4) 모래 시계형(Hourglass Shape)

<table>
<tr><td rowspan="6">모래시계형</td><th colspan="2">특 징</th></tr>
<tr><td>• 볼륨 있는 상반신<br>• 살아있는 허리라인<br>• 어깨와 힙의 넓이가 같거나 비슷한 스타일</td><td>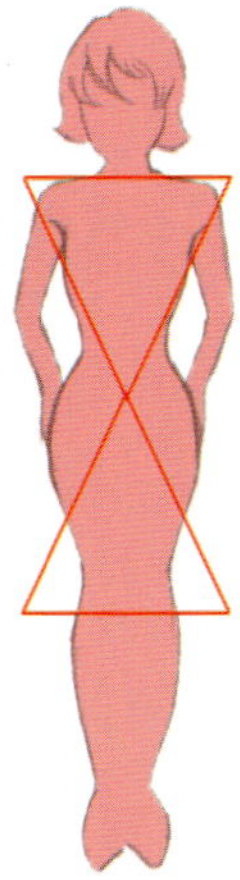</td></tr>
<tr><th colspan="2">어울리는 스타일</th></tr>
<tr><td colspan="2">• 랩 드레스 또는 스커트<br>• 플레어스커트 등 부드럽게 퍼지는 스타일의 스커트<br>• 부드러운 소재로 힙을 감싼 듯 한 디자인<br>• 대부분의 디자인이 잘 어울린다.</td></tr>
<tr><th colspan="2">어울리지 않는 스타일</th></tr>
<tr><td colspan="2">• 엠파이어 스타일<br>• 가슴이 타이트한 블라우스<br>• 수평라인의 디자인</td></tr>
</table>

④ 모래 시계형에 어울리는 스타일

# 여러분은

## 자신에게 잘 어울리는 색,
## 자신을 돋보이게 하는 색을
## 알고 계시나요?

## 8. 이미지 & 퍼스널 컬러(Image & Personal Color)

### 1) 봄 타입

<table>
<tr><th>타 입</th><th>이미지</th></tr>
<tr><td rowspan="10">봄</td><td>밝고 화사하며 귀여운 로맨틱한 이미지</td></tr>
<tr><td>피부특징</td></tr>
<tr><td>밝고 투명하며 건강해 보인다.</td></tr>
<tr><td>눈동자 특징</td></tr>
<tr><td>밝고 또렷하며 반짝반짝 빛나는 스타일</td></tr>
<tr><td>머리카락 특징</td></tr>
<tr><td>얇고 부드러우며 찰랑거리는 스타일</td></tr>
<tr><td>퍼스널 컬러</td></tr>
<tr><td>컬러풀한 컬러가 잘 어울리며, 짙은 톤이나 모노톤은 NG.</td></tr>
<tr><td></td></tr>
</table>

## 2) 여름 타입

| 타 입 | 이미지 |
|---|---|
| 여 름 | 밝고 깨끗하며 투명 감 있는 내추럴한 이미지 |
| | **피부특징** |
| | 상쾌하고 부드러우며 혈색이 좋다. |
| | **눈동자 특징** |
| | 온화하고 부드러우며 산뜻한 스타일 |
| | **머리카락 특징** |
| | 얇고 부드러우며 찰랑거리는 스타일 |
| | **퍼스널 컬러** |
| | 부드럽고 우아해 보이는 색이 잘 어울리며, 지나치게 화려하거나 노랑기가 강한색은 NG. |
| |  |

## 3) 가을 타입

| 타 입 | 이미지 |
|---|---|
| 가 을 | 깊이감과 성숙함이 돋보이는 고전적인 이미지 |
| | **피부특징** |
| | 매트하고 도자기 같으며 혈색이 적다. |
| | **눈동자 특징** |
| | 깊고 매트하며 차분한 스타일 |
| | **머리카락 특징** |
| | 굵고 딱딱하며 윤기가 없는 스타일 |
| | **퍼스널 컬러** |
| | 내추럴하고 쉬크한 색이 잘 어울리며,<br>엷고 희미한 색은 NG. |
| |  |

## 4) 겨울 타입

| 타 입 | 이미지 |
|---|---|
| 겨 울 | 차갑고 강렬한 이지적인 이미지 |
| | **피부특징** |
| | 까맣고 경질 감을 느낄 수 있으며 윤기가 있다. |
| | **눈동자 특징** |
| | 어둡고 예리한 스타일 |
| | **머리카락 특징** |
| | 굵고 딱딱하며 윤기가 있는 스타일 |
| | **퍼스널 컬러** |
| | 쿨하며 임팩트한 색이 잘 어울리며, 내추럴하거나 브라운계통의 대지의 색은 NG. |
| |  |

## 9. 콘트라스트 이미지 컨설팅(Contrast Image Consulting)

### 1) 하이 콘트라스트(High Contrast)

① 강인해 보인다, 똑똑해 보인다, 카리스마 있어 보인다.

② Black & White 등과 같이 색상 대비가 크다.

③ 겨울타입 이미지에 잘 어울린다.

④ High Contrast Image

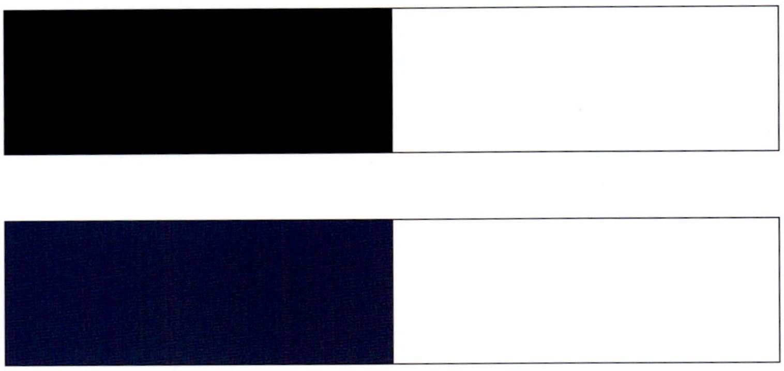

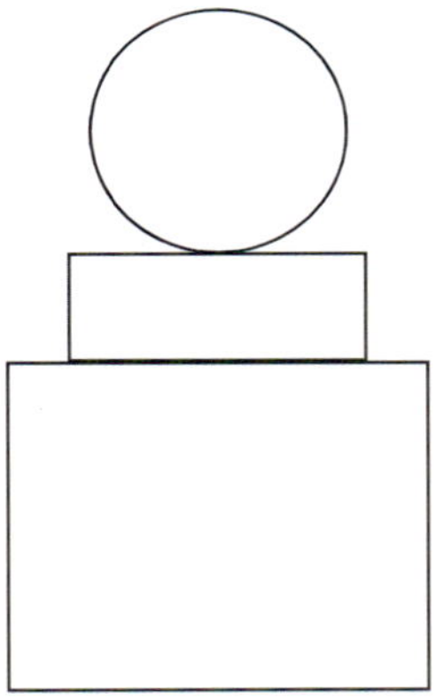

High Contrast

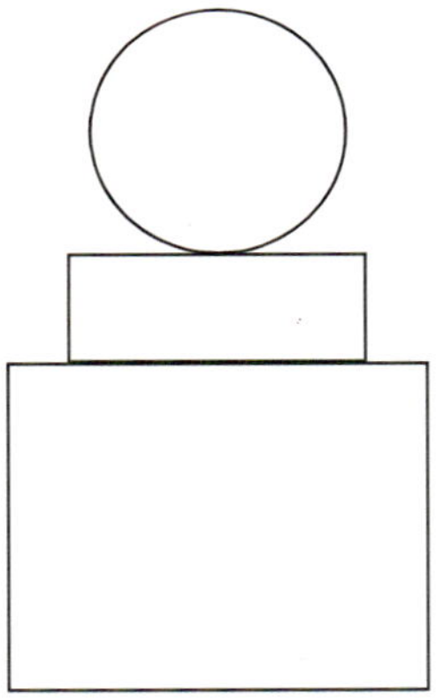

High Contrast

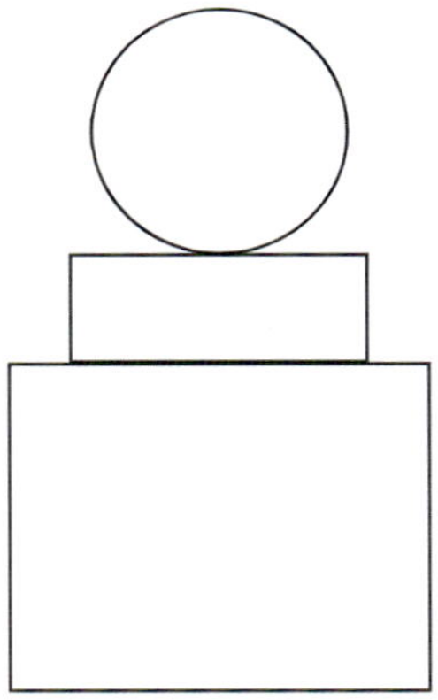

High Contrast

## 2) 하이 콘트라스트 이미지(High Contrast Image)

### 3) 미디움 콘트라스트(Medium Contrast)

① Gray & Pink 등과 같이 색상 대비가 중간 정도 이다.

② 편안하고 자연스러운 이미지

③ Medium Contrast Image

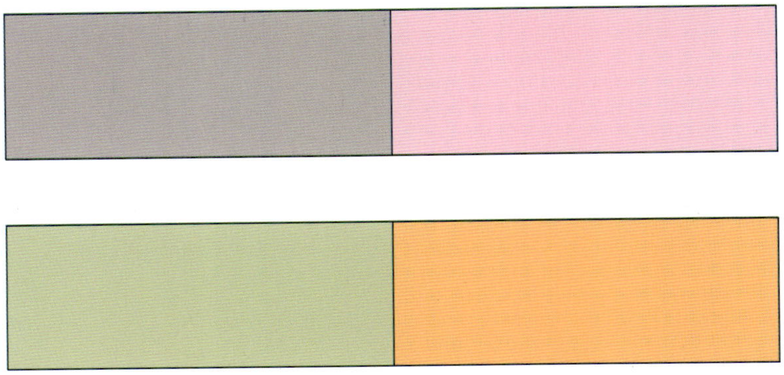

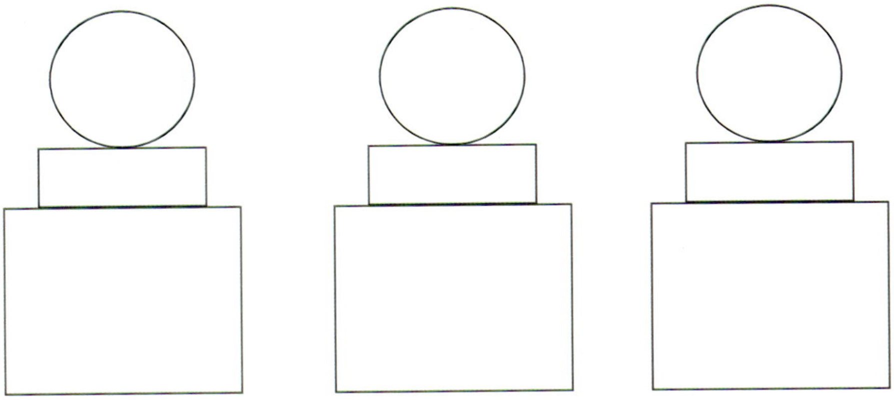

High Contrast High Contrast High Contrast

## 4) 미디움 콘트라스트 이미지(Medium Contrast Image)

## 5) 로우 콘트라스트(Low Contrast)

① Gray & White 등, 색상 대비가 거의 없다.

② 부드럽고 가볍고 연약한 이미지

③ Low Contrast Image

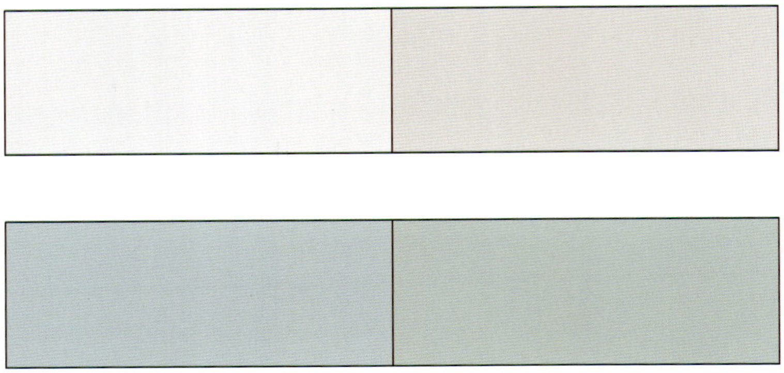

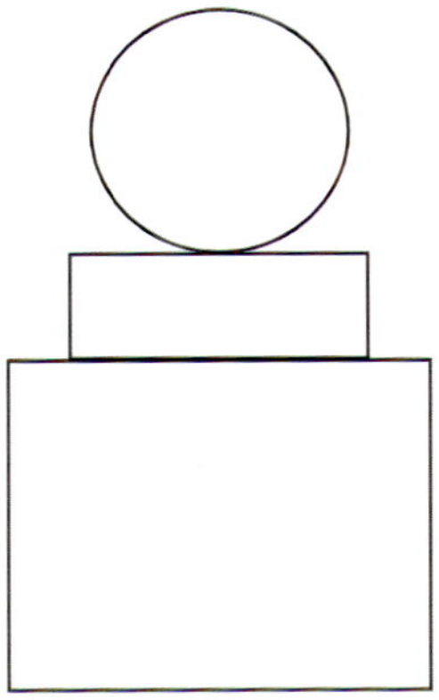

Low Contrast

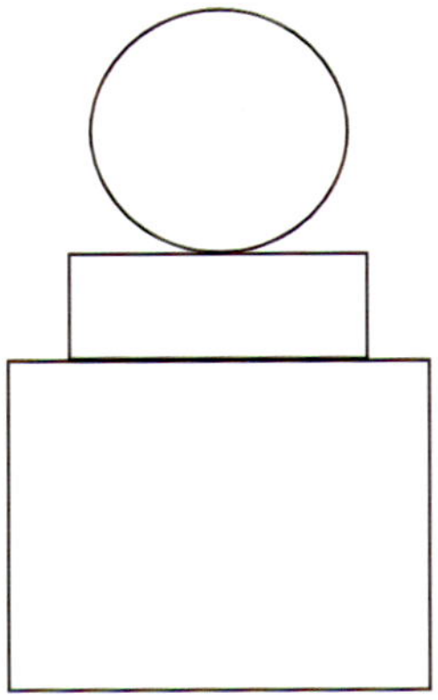

Low Contrast

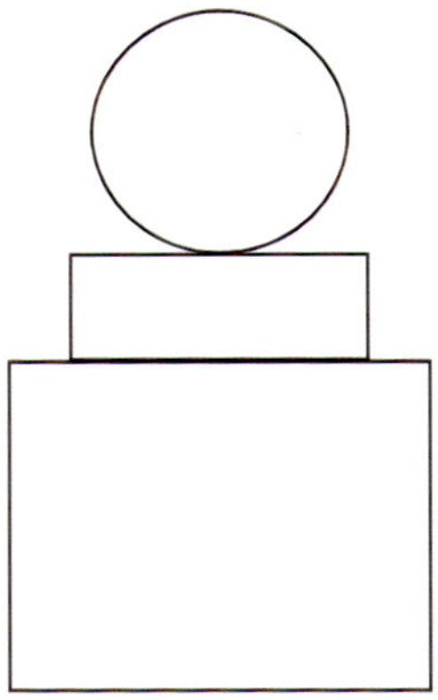

Low Contrast

## 6) 로우 콘트라스트 이미지(Low Contrast Image)

## 10. 스카프 활용(Use a Scarf)

차가운 기운도 막아 주고 의상에 포인트나 변화를 줄 수 있는 아이템으로는 스카프 이상 없다. 스카프를 어떻게 착용하느냐에 따라 단순한 스타일이 아주 개성 있는 스타일이 될 수 있다.

스카프 활용법은 매우 다양하다. 예전에는 스카프나 머플러를 두르는 방법이 정형화 돼 있었지만 요즈음에는 자연스러움을 추구하면서 그러한 공식에 연연할 필요가 없어졌다. 매는 방법이 쉬워 아무렇게나 빙빙 둘러 묶어도 멋스러워 누구나 쉽게 연출 할 수 있다. 또한 스카프는 반드시 목에만 매는 것이 아니라 바지의 허리 부분에 스카프를 장식용으로 묶어주면 벨트와는 또 다른 멋을 낼 수 있으며, 화려한 무늬의 실크 스카프를 이용해 옷을 만들어 입으면 단순하거나 칙칙한 의상을 돋보이게 할 수 있고, 요즈음 유행하는 큰 가방에 묶어주면 가방이 한 층 가볍고 경쾌해 보인다. 그러므로 어떻게 묶느냐에 따라 그리고 어디에 묶느냐에 따라 사람의 패션 감각이 다르게 보인다.

목에 착 달라붙도록 감은 뒤 작은 리본이 나오도록 매면 발랄하면서도 세련된 분위기를 연출 할 수 있다. 단, 목의 대부분을 감싸기 때문에 목이 짧은 사람들은 되도록 피하는 것이 좋다. 또 목이 깊게 파인 옷에 매치해야 목이 짧아 보이는 것을 막을 수 있다.

깔끔한 남성 캐쥬얼 정장에도 부담 없이 활용할 수 있으며, 최근에는 남성들도 많이 활용하고 있다.

지금까지 스카프는 봄과 가을, 머플러는 겨울에만 착용하는 것으로 인식돼 왔지만 이러한 고정관념이 사라지고 여름에도 많이 활용되고 있다. 실크나 부드러운 소재로 만들어 간절기에 주로 매는 것이 스카프이며, 두툼한 소재로 만들어 보온성 등 기능적인 면에 초점을 맞춰 겨울에 주로 착용하는 것은 머플러였다. 그러나 요즈음은 소재와 무늬, 연출법이 다양해지면서 이 두 아이템에 대한 경계가 없어지고 있다.

가장 활용하기 쉽고 세련미를 더 할 수 있는 스카프 활용법을 소개합니다. 여러분도 스카프의 무한 변신으로 나만의 스타일을 만들어 보세요!

## 스카프 활용 1

## 스카프 활용 2

## 스카프 활용 3

## 스카프 활용 4

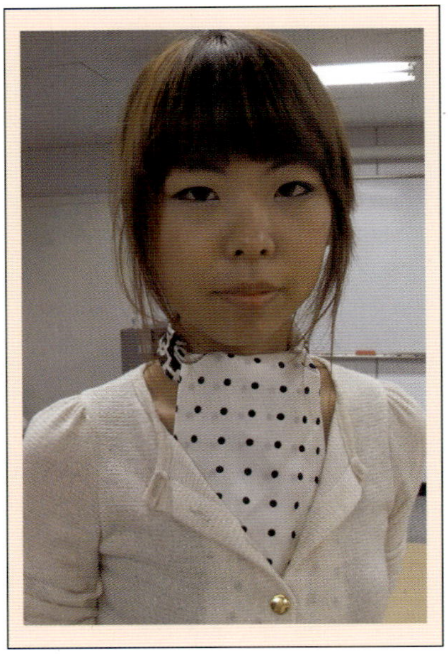

## 스카프 활용 5

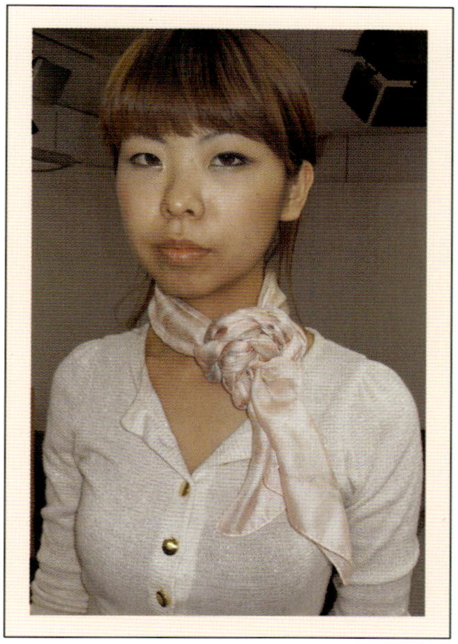

# 스카프 활용 6

## II. 면접 이미지 컨설팅(Interview Image Consulting)

면접은 기업을 끌고 나갈 미래의 조직 구성원을 선별하고, 회사에 이익을 가져다줄 인재를 뽑는 과정이다.

서류나 필기시험을 참고로 2~3회 면접을 본 후 지원자의 자질과 사람됨을 파악하고 채용을 결정하는 기업이 늘어나고 있다. 일반적으로 합격여부에 면접의 비율이 80%가 차지한다고 한다. 기업들이 암기 위주의 지식보다는 잠재력과 의욕을 더욱 중요시 하고 있기 때문에 서류전형이나 필기시험도 중요하지만 면접에 더 높은 비중을 두고 있다. 그러므로 면접 때 충분히 자신의 장점을 드러내는 것이 중요하다고 할 수 있다. 또한 무엇보다 중요한 것은 지망회사에서 업무능력을 최대한 발휘할 준비가 되어있다는 열정과 자신감을 보여 주는 것이다.

짧은 순간 좋은 이미지를 면접관에게 심어주기 위해서 이미지 메이킹에 중요한 사항들을 살펴보고, 호감을 주는 이미지로 자신을 만들어 보자.

### 1) 좋은 첫인상 만들기

첫인상은 단순히 외모만 보고 결정하는 것이 아니다. 표정 · 복장 · 태도 · 용모 · 시선 · 자세 · 걸음걸이와 같은 시각적 이미지와 음성 · 억양 · 말씨 · 언어와 같은 청각적 이미지를 함께 결정한다.

성공하는 이미지를 만들기 위해서는 자신을 정확하게 분석하여 자신의 스타일에 적합한 이미지로 개선하려는 노력이 중요하다.

### 2) 태도

말하는 동안 미간을 찡그리는 사람, 손을 지나치게 많이 움직이는 사람, 눈을 자주 깜빡이는 사람, 다리를 떠는 사람 등 다양한 유형을 볼 수 있다. 자신을 청중 앞에 서 있는 강사라고 생각하고 손의 동작, 얼굴 표정 등에도 세심한 주의를 기울여서 말하는 습관을 가져 보자.

## 3) 여성과 남성의 이미지 메이킹 체크리스트

### (1) 여성

| 성 별 | 피 부 |
|---|---|
| 여 성 | • 면접 전날 관리하기 보다는 미리미리 관리 해 둔다.(갑작스런 트러블 방지) |
| | **메이크업** |
| | • 의상과 어울리게 메이크업을 한다.<br>• 어둡거나 너무 눈에 튀지 않게 자연스럽고 깔끔하게 메이크업 한다. |
| | **헤 어** |
| | • 헤어스타일은 인사를 할 경우 얼굴 앞으로 머리카락이 얼굴을 가리지 않도록 전체적으로 깔끔하고 단정한 스타일로 한다.<br>• 헤어핀을 사용할 경우 너무 화려하지 않는 것으로 선택한다. |
| | **복 장** |
| | • 옷차림은 깨끗하고 단정한 스타일이 좋다.<br>• 무늬는 민무늬이거나 너무 요란하지 않는 것으로 선택한다.<br>• 속옷이 비쳐 보이지 않도록 조심한다.<br>• 의상색은 너무 화려하지 않는 색으로 선택하며, 주로 단색으로 선택하거나 무채색이 무난하다. |

| 성 별 | 액세서리 |
| --- | --- |
| 여 성 | • 귀고리와 목걸이는 너무 길거나 화려하지 않는 것이 좋으며, 착용하지 않는 것도 무난하다.<br>• 시계는 옷차림에 어울리는 것으로 착용하는 것이 좋다. |
| | **손 톱** |
| | • 손톱은 너무 길지 않아야 한다.<br>• 매니큐어를 바를 경우 색상은 너무 눈에 튀지 않는 것으로 엷은 핑크색이나 투명한 색이 무난하다. |
| | **스타킹** |
| | • 스타킹은 반드시 신도록 한다.<br>• 스타킹은 피부색에 맞게 신는다. |
| | **구 두** |
| | • 디자인은 단순한 것으로 선택한다.<br>• 액세서리가 너무 화려하게 부착되어 있는 것은 삼가한다.<br>• 부츠 스타일은 삼가 한다.<br>• 굽이 너무 높지 않은 것으로 선택한다.<br>• 구두 색상은 의상과 어울리는 것으로 선택하며, 너무 화려하지 않는 것으로 선택한다. |
| | |

### (2) 남성

| 성 별 | 피 부 |
|---|---|
| 남 성 | • 면접 전날 관리하기 보다는 미리미리 관리 해 둔다.(갑작스런 트러블 방지)<br>• 여드름으로 인해 지저분한 이미지가 되지 않도록 한다.<br>• 코털이 보이지 않도록 깔끔하게 한다. |
| | **메이크업** |
| | • 깔끔한 이미지가 되도록 면도를 청결히 한다.<br>• 잡티가 많을 경우 간단한 베이스 메이크업까지 한다.(짙게 하지 않도록 유의) |
| | **헤 어** |
| | • 헤어스타일은 단정하고 깔끔하게 한다.<br>• 긴 형태의 헤어스타일 경우에는 너무 지저분해 보이지 않도록 한다.<br>• 너무 강한 젤이나 무스는 삼가 하도록 한다. |
| | **복 장** |
| | • 드레스 셔츠는 깨끗하고 깔끔하게 착용한다.<br>• 무늬는 민무늬이거나 너무 요란하지 않는 것으로 선택한다.<br>• 의상색은 너무 화려하지 않는 색으로 선택하며, 주로 단색으로 선택하거나 무채색이 무난하다.<br>• 넥타이는 너무 화려하지 않는 것으로 선택한다. |

| 성 별 | 손 톱 |
|---|---|
| 남 성 | • 손톱은 너무 길지 않으며 청결하게 한다. |
| | 벨 트 |
| | • 정장과 잘 어울리는 소재와 디자인, 색을 선택한다.<br>• 너무 벨트만 튀지 않게 조심한다. |
| | 양 말 |
| | • 정장과 무난한 색으로 선택한다.<br>• 흰색 양말은 신지 않도록 한다. |
| | 구 두 |
| | • 디자인은 단순한 것으로 선택한다.<br>• 구두 색상은 의상과 어울리는 것으로 선택하며, 너무 화려하지 않는 것으로 선택한다.(검정색이 무난) |
| |  |
| | |

## 4) 헤어 & 메이크업 전과 후

## 5) 옷차림 1(잘못된 부분과 잘 된 부분 알아보기)

## 6) 옷차림 2(잘못된 부분과 잘 된 부분 알아보기)

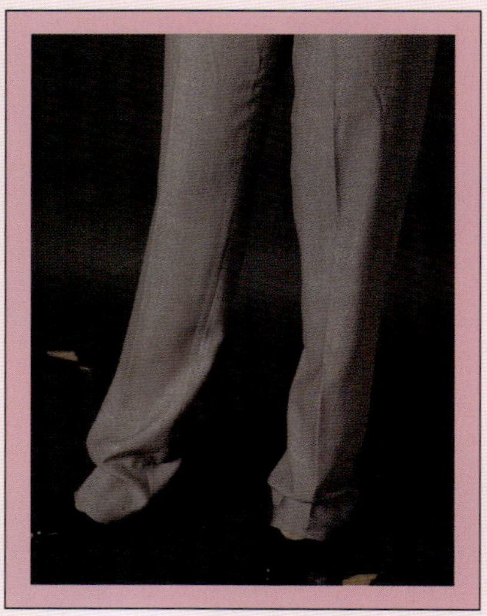

## 7) 옷차림 3(잘못된 부분과 잘 된 부분 알아보기)

## 8) 구두 1(잘못된 부분과 잘 된 부분 알아보기)

## 9) 구두 2(잘못된 부분과 잘 된 부분 알아보기)

## 10) 자세 1(잘못된 부분과 잘 된 부분 알아보기)

## 11) 자세 2(잘못된 부분과 잘 된 부분 알아보기)

## 12) 성공면접을 위한 8계명

(1) 심호흡으로 긴장을 푼다.

(2) 열심히 듣는다.

(3) 질문의 요지를 파악한다.

(4) 결론부터 이야기 한다.

(5) 쉽게 말한다.

(6) 말끝을 분명히 한다.

(7) 자신 있는 부분에서 승부를 건다.

(8) 흥분하지 않는다.

## 13) 성공면접을 위한 금기사항

- 지각하지 말라
- 앉으라고 할 때까지 앉지 말라
- 대화 중 옷이나 머리를 만지지 말라
- 바쁘게 대답하지 말라
- 시선을 피하지 말라
- 대답이 잘못 되었나 해서 주위를 살피지 말라
- 면접관 책상위의 서류에 집착하지 말라
- 농담하지 말라
- 답변을 얼버무리거나 장황하게 늘어놓지 말라
- 답변이 생각나지 않는다고 먼 산을 보거나 고개를 숙이지 말라
- 넘치는 자신감에 빨리, 큰소리로 말하지 말라
- 면접관이 서류검토 중에는 말하지 말라
- 면접관을 이기려고 하지 말라
- 면접장에 외부인이 들어와도 일어서지 말라
- 연설하는 식으로 답변하지 말라
- 자신의 배경을 들먹거리지 말라
- 최종 결정이 이루어지기 전까지 급여에 대해 말하지 말라

### 14) 성공면접 마무리

- 면접이 거의 끝났더라도 자세는 끝까지 바르게 한다.
- 일어서기 전 바른 자세로 인사말을 한다.
- 일어서면 의자 옆에 서서 다시 한 번 바른 자세로 목례한다.
- 정중한 태도로 걸어 나온다.
- 문을 정중히 조용하게 닫는다.

# 제3장 이미지 메이킹 실제 사례

# 1. 조한경

## 1) 이미지 메이킹 전

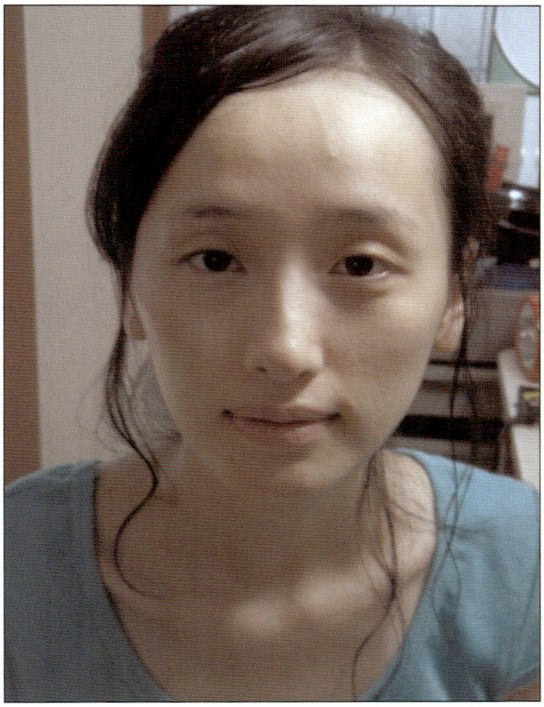

| 이 름 | 조 한 경 |
|---|---|
| 생년월일 | 1982년 10월 2일 |
| 직 업 | 학원 강사 |
| 키 | 159cm |
| 몸무게 | 41kg |
| 피부상태 | 복합성, 민감성 |
| 헤어스타일 | 긴 생머리 |
| 사 인 | 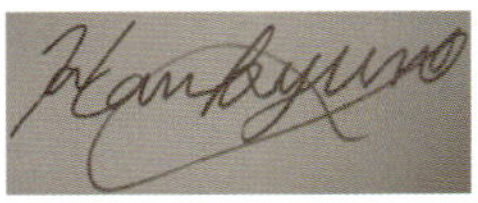 |

## 2) 이미지 메이킹 후

## 3) 이미지 메이킹 후

## 2. 한수현

### 1) 이미지 메이킹 전

| 이 름 | 한 수 현 |
|---|---|
| 생년월일 | 1977년 9월 1일 |
| 직업 | 주 부 |
| 키 | 169cm |
| 몸무게 | 57kg |
| 피부상태 | 중복합성 |
| 헤어스타일 | 짧은 컷 |
| 사인 |  |

## 2) 이미지 메이킹 후

## 3) 이미지 메이킹 후

# 부 록

## 객관적 이미지 & 이상적 이미지

<table>
<tr><td>1</td><td>2</td><td>3</td></tr>
<tr><td>4</td><td>5</td><td>6</td></tr>
<tr><td>7</td><td rowspan="2">이름:________________</td><td>8</td></tr>
<tr><td>9</td><td>10</td></tr>
<tr><td>11</td><td>12</td><td>13</td></tr>
</table>

## 객관적 이미지 & 이상적 이미지

<table>
<tr><td>14</td><td>15</td><td>16</td></tr>
<tr><td>17</td><td>18</td><td>19</td></tr>
<tr><td>20</td><td rowspan="2">이름:________________</td><td>21</td></tr>
<tr><td>22</td><td>23</td></tr>
<tr><td>24</td><td>25</td><td>26</td></tr>
</table>

## 객관적 이미지 & 이상적 이미지

<table>
<tr><td>27</td><td>28</td><td>29</td></tr>
<tr><td>30</td><td>31</td><td>32</td></tr>
<tr><td>33</td><td rowspan="2">이름:____________</td><td>34</td></tr>
<tr><td>35</td><td>36</td></tr>
<tr><td>37</td><td>38</td><td>39</td></tr>
</table>

## 이미지 진단 답안지

이 름

| 번호 | E | I | R | P | S | 번호 | E | I | R | P | S |
|---|---|---|---|---|---|---|---|---|---|---|---|
| 1 | | | | | | 2 | | | | | |
| 3 | | | | | | 4 | | | | | |
| 5 | | | | | | 6 | | | | | |
| 7 | | | | | | 8 | | | | | |
| 9 | | | | | | 10 | | | | | |
| 11 | | | | | | 12 | | | | | |
| 13 | | | | | | 14 | | | | | |
| 15 | | | | | | 16 | | | | | |
| 17 | | | | | | 18 | | | | | |
| 19 | | | | | | 20 | | | | | |
| 21 | | | | | | 22 | | | | | |
| 23 | | | | | | 24 | | | | | |
| 25 | | | | | | 26 | | | | | |
| 27 | | | | | | 28 | | | | | |
| 29 | | | | | | 30 | | | | | |
| 31 | | | | | | 32 | | | | | |
| 33 | | | | | | 34 | | | | | |
| 35 | | | | | | 36 | | | | | |
| 37 | | | | | | 38 | | | | | |
| 39 | | | | | | 40 | | | | | |
| 41 | | | | | | 42 | | | | | |
| 43 | | | | | | 44 | | | | | |
| 45 | | | | | | 46 | | | | | |
| 47 | | | | | | 48 | | | | | |
| 49 | | | | | | 50 | | | | | |

| 합 계 | E | I | R | P | S |
|---|---|---|---|---|---|
| | | | | | |

## 자기 신뢰도 테스트 답안

| | 0 | 1 | 2 | 3 |
|---|---|---|---|---|
| | 전혀 맞지 않음 | 부분적으로 맞음 | 상당히 많이 맞음 | 완전히 맞음 |
| 1 | | | | |
| 2 | | | | |
| 3 | | | | |
| 4 | | | | |
| 5 | | | | |
| 6 | | | | |
| 7 | | | | |
| 8 | | | | |
| 9 | | | | |
| 10 | | | | |
| 11 | | | | |
| 12 | | | | |
| 13 | | | | |
| 14 | | | | |
| 15 | | | | |

| | 0 | 1 | 2 | 3 |
|---|---|---|---|---|
| | 전혀 맞지 않음 | 부분적으로 맞음 | 상당히 많이 맞음 | 완전히 맞음 |
| 16 | | | | |
| 17 | | | | |
| 18 | | | | |
| 19 | | | | |
| 20 | | | | |
| 21 | | | | |
| 22 | | | | |
| 23 | | | | |
| 24 | | | | |
| 25 | | | | |
| 26 | | | | |
| 27 | | | | |
| 28 | | | | |
| 29 | | | | |
| 30 | | | | |

합계 ____________

# 당신에게 가장 중요한 핵심 가치는 무엇인가요?

(지배가치 찾기 : 우선순위가 높은 것 5가지)

(가정의 화목), (행복), (건강), 결단, 경제적 안정,

공헌, 관계, 관대함, 권력, 교육, 균형, 긍정적 태도,

끈기, 기술, 모험, 발전, 배려, 부유함, 성실, 성장,

신념, 신뢰, 신앙, 아름다움, 완벽, 용기, 외모, 존경,

우정, 유머, 윤리, 겸손, 정직, 조건 없는 사랑,

즐거운 삶, 직업적 성취, 지식, 지혜, 창의, 충성,

탁월성, 팀워크, 쾌활함, 품직, 평화, 프로정신,

감사, 성고, 안정, 열정, 인정, 책임, 학습, 진실성.

# ▶우선순위가 가장 높은 것 5가지◀

1.

설명 :

2.

설명 :

3.

설명 :

4.

설명 :

5.

설명 :

이 름 ____________________

# 참고 문헌


## 국내문헌

- 김선형외, 『이미지 메이킹, 청구문화사』, 2006
- 정미영외, 『이미지 메이킹과 서비스 매너』, 청람, 2006
- 이연희외, 『현대인의 이미지 메이킹』, 청구문화사, 2002
- 전선정외, 『토털코디네이션』,청구문화사, 1999
- 이성옥외, 『이미지 메이킹』, 수문사, 2002
- 조미영외, 『화장품학』, 훈민사, 2005
- 권경옥외, 『신화장품학』, 도서출판동화기술, 1997
- 홍순아, 『끌리는 사람이 되기 위한 이미지 컨설팅』,가림출판사, 2006
- 정년구외, 『BLOW DRY AND IRON』,청구문화사, 2003
- 이동희, 『매너와 이미지 메이킹』,형설출판사, 2007
- 류은주외, 『품위 있는 매너를 위한 이미지 관리론』,훈민사, 2008
- 진형여외, 『누구나 손쉽게 배울 수 있는 기초 메이크업 첫걸음』, 훈민사, 2009

## 논문

- 감하정, 『패션을 통한 스타이미지 메이킹에 관한 연구』, 동덕여자대 석사학위, 2004
- 조외현, 『이미지 메이킹 프로그램이 성인학습자의 자아존중감에 미치는 영향』 동의대 석사학위, 2007
- 이언영, 『면접 이미지메이킹을 위한 사이버 셀프 패션 코디네이션 시스템의 활용 연구』, 이화여자대 박사학위, 2008
- 김수정, 『퍼스널 컬러 진단에 따른 메이크업 색채에 관한연구』, 동덕여자대 석사학위, 2004
- 정금옥, 『중년기 여성의 열등감 극복을 위한 성경적 상담』, 총신대, 석사학위, 2004
- 이정미, 『인지상담을 기초로 한 열등감 극복에 대한 연구』, 한일장신대, 석사학위, 2005

## 학회지와 기타

- 최영선 · 최현숙, 『퍼스널 이미지 메이킹을 위한 패션에 관한 연구』, 한국 의류산업 학회지, 2007
- 화장품 신문
- Personal Color Textbook, Color School Hue&
- Personal Shopper, 동아사회교육원

## 인터넷 사이트와 기타

- http://book.daum.net/detai/book.do.do?bookid=KOR9788991839090
- http://enc.daum.net/dic100/contents.do?query1=b25h2362b
- http://100.naver.com/100.nhn?docid=775340
- http://www.donga.com/fbin/lets?d=9805&f=lets9805bb010.html
- http://kin.naver.com/detail/detail.php?d1id=5&dir_id=51301&eid
- http://cafe.daum.net/SorabolBeautyArt
- http://bbsl.miznet.daum.net
- http://gjdream.com/v2/week/view
- http://kin.naver.com/detail/detail.php?d1id

# Personal Image Making

2009년 9월 10일 초판인쇄
2009년 9월 20일 초판발행

지은이 : 진형여 · 이귀영 · 김정희 · 유현주
김지연 · 최희자 · 권오혁 공 저
펴낸이 : 이상태
디자인 : 박휘연
펴낸곳 : 청구문화사
주 소 : 120-831 서울특별시 서대문구 연희 1동 436-1
전 화 : 02) 332-0541(代) FAX : 02) 337-9577
등 록 : 1990년 11월 2일 제9-247호

정가 18,000원

ISBN 978-89-5616-353-6 93590